KB251311

The Glue Textbook

글루공부

마이티북스

서문

이 책을 적기로 마음먹고 실제로 쓰기까지는 상당히 오랜 시간이 걸렸습니다. 할 수 있는 말은 많지만 묻지도 않은 것들을 장황하게 알려주는 것은 원하지 않았기 때문입니다.

하지만 접착제 회사를 운영하는 입장으로서, 기존의 글루에 대한 지식은 불충분하거나, 불완전하거나, 혹은 지나치게 어려웠습니다(이 부분은 사실 저도 장담할 수 없다는 문제가 있지만). 주로 많은 원장님들이 해주셨던 질문들에서 시작할 힌트를 얻어보고자 했습니다.

그래도 최대한, 원장님들이 알기 쉽게 접착제 지식에 대해서 설명해 주고 싶다는 생각이 들어 펜을 집어들게 되었습니다. 원

장님들은 새롭게 속눈썹 연장을 공부하는 페르소나, '하나'의 질
문에 대답하는 '에디'의 응답들을 통해 궁금한 것들을 해소해 갈
수 있기를 바라봅니다.

궁금하지 않으시겠지만 :

궁금하지 않으시겠지만, 으로 시작하는 문장은 굳이 몰라도
전혀 상관없지만 그저 교양으로 알아두실 만한 이야기들입니다.
해당 파트는 TMI 라고 이해하시면 좋습니다.

사족을 붙이자면, 하나는 에디의 딸내미 이름입니다. 딸이 읽
어도 이해할 수 있도록 적어보고자 했던 저의 의도를 담고 있습
니다.

p.s :

이 책에 나와 있는 조언들은 의학적인 조언이 아니고 원료적/
물질적 특성을 담고 있습니다. 알러지나 물리적인 접촉, 흡입 등
의 문제가 발생되면 반드시 병원을 찾아 전문가의 조언을 받으셔
야 합니다.

접착제의 구조와 특성을 현장의 언어로 풀어내다

속눈썹 연장 시술에서 접착제는 단순한 '소모품'이 아니라, 시술의 안정성과 결과를 좌우하는 가장 핵심적인 요소입니다.

하지만 현장에서 많은 테크니션들이 사용하는 만큼 정확한 원리나 성분, 작용 방식에 대해서는 체계적으로 설명된 자료를 접하기 쉽지 않았던 것도 사실입니다.

이 책은 바로 그 지점을 채워주는 책입니다.

어렵게 느껴질 수 있는 접착제의 구조와 특성을 현장의 언어로 풀어내어 누구나 이해할 수 있도록 설명하고 있습니다.

특히 시술을 하는 원장님들이 실제로 궁금해하는 질문을 중심으로 접착제의 기본 원리부터 성분, 보관, 사용 환경까지 실무에

바로 연결되는 내용들을 차분히 정리해 놓았다는 점이 인상적입니다.

속눈썹 산업이 성장할수록 기술과 제품에 대한 이해 역시 함께 깊어져야 합니다. 그런 의미에서 이 책은 단순한 정보 전달을 넘어 테크니션들이 자신의 기술을 더 깊이 이해하고, 전문성을 높일 수 있도록 돕는 작은 안내서가 될 것이라 생각합니다.

이 책이 많은 원장님들께

"아, 그래서 그런 것이었구나."

하는 작은 깨달음과 함께, 더 안전하고 전문적인 시술로 이어지는 계기가 되기를 바랍니다.

박수진
PARKSOOJIN
International Lash Technicians Society

글루를 '사용하는 사람'에서
'이해하는 전문가'로 만들어 주는 책

속눈썹 연장에서 글루는 가장 기본이면서도 가장 중요한 요소입니다. 하지만 현장에서 일하다 보면 우리가 매일 사용하는 접착제에 대해 체계적으로 설명해 주는 자료는 생각보다 많지 않습니다.

이 책은 복잡하게 느껴질 수 있는 글루의 원리와 특성을 누구나 이해할 수 있도록 쉽고 흥미로운 대화 형식으로 풀어냅니다. 읽다 보면 그동안 당연하게 사용해 왔던 재료들을 새롭게 이해하게 되는 순간들을 만나게 됩니다.

속눈썹 연장을 시작하는 분들부터 오랜 경험을 가진 아티스트들까지, 이 책은 기본을 다시 단단하게 만들어 주는 좋은 안내서가 될 것입니다.

Ashley

Beauty Entrepreneur, Canada CA

"CONTENTS"

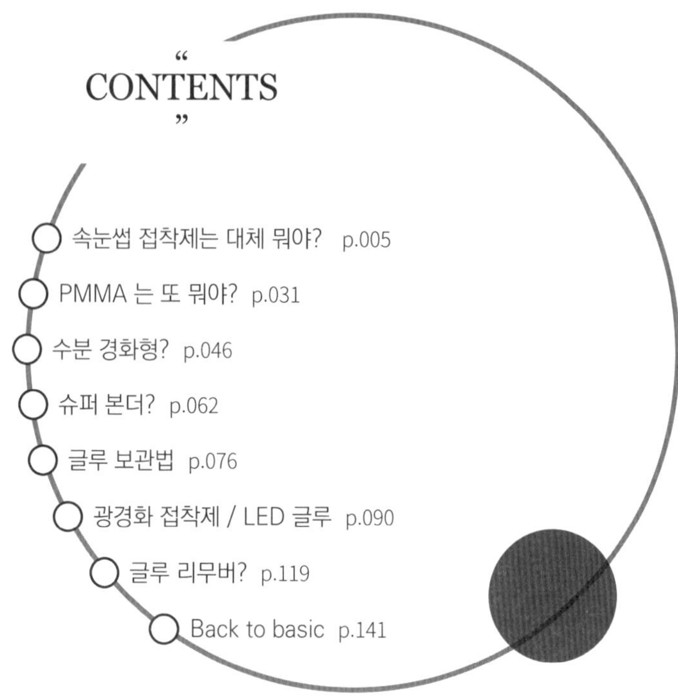

속눈썹 접착제는 대체 뭐야?

사무실 한 쪽에 놓인 회의 테이블, 따뜻한 커피 한 잔을 각자의 앞에 두고 아직 소녀티를 벗지 못한 앳된 외모의 여성과 작업복 차림이지만 누가 봐도 다른 건 몰라도 공부는 잘했을 것 같은, 아니 **공부라도 잘해야 할 것 같은 인상의 남성**이 마주보고 앉았다. 먼저 입을 연 것은 남자였다.

에디

안녕하세요.

하나

안녕하세요! 속눈썹 연장 공부하는 하나입니다. 궁금증이 있어서 여쭤보려고 해요.

에디

어떤 궁금증이 있으셨을까요?

남자의 물음에 하나는 노트를 펴고 오른손에 굳게 펜을 잡은 채로 물었다.

하나

아니, 속눈썹 연장 접착제는 다른 접착제랑 다르고 특별한가요?

에디

아니, 기도 하고, 그렇기도 해요.

하나

아니기도 하고 그렇기도 한 건 뭐예요?

에디

아니 그런 게 아니고… 속눈썹 연장 접착제는 흔히 쓰는 에틸-시아노아크릴레이트에요.

속눈썹 접착제는 대체 뭐야?

11

하나

아니… 뭐라고요?

두 사람은 모든 문장이 **'아니'**로 시작하는 대화를 하고 있다는
사실을 깨닫고 그만하기로 마음먹었다.

에디

하하. 흔히 사용하는 순간접착제에요. **시아노아크릴레이트**
라는 성분 자체가 순간접착제 성분이죠.

하나

알아요! 그러니까… **아크릴**은 알아요.

에디

맞아요. 아크릴레이트는 **아크릴산**$_{Acid}$이라는 뜻이에요. 산성
이다 보니 증기가 눈이나 코에 들어가면 따가운 느낌이 나죠.

하나

아 그래서 따가운 거였구나! 그런데 의료용 순간접착제 같

은 것도 있는데 그건 눈 안 따갑잖아요. 손에 묻어도 따갑지도
않고.

에디

오. 날카로운 지적이에요. 그게 에틸-시아노아크릴레이트
와 옥틸 시아노아크릴레이트의 차이예요.

하나

…전혀 모르겠는데요.

에디

대충 이렇게 된답니다.

이름	꼬리길이	강도/유연성	독성 및 증기	용도
메틸 시아노아크릴레이트	C1	딱딱함 / 잘깨짐	매우 강함	공업용
에틸 시아노아크릴레이트	C2	아주 단단함	강함	일반 접착제
부틸 시아노아크릴레이트	C4	약간 유연함	낮음	수의학용
옥틸 시아노아크릴레이트	C8	매우 유연함	거의 없음	피부 / 의료용

하나

더… 어려워졌다… 그리고 꼬리 길이는 뭐예요? C8?

에디

어허. 욕은 하시면 안 되죠. 하지만 잘 보셨어요.

꼬리 길이가 가장 중요한 정보예요. 꼬리 길이는 얼마나 많은 탄소 고리를 가지고 있는지의 정보예요. C1은 탄소 고리가 1개, C2는 2개, C8은 8개… 이런 의미죠. 이게 중요한 이유는 꼬리 길이가 독성과 유연성을 결정하기 때문이에요.

예를 들어 탄소꼬리가 가장 긴 옥틸 시아노아크릴레이트는

시아노아크릴레이트의 구조 비교
(Structural Comparison of Cyanoacrylates)

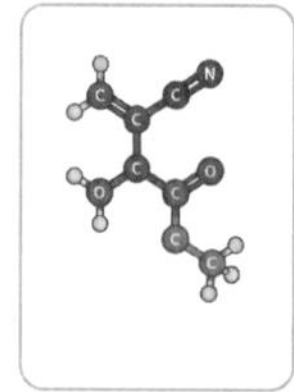 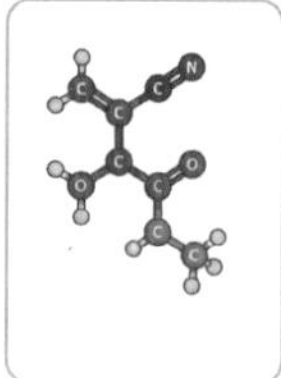 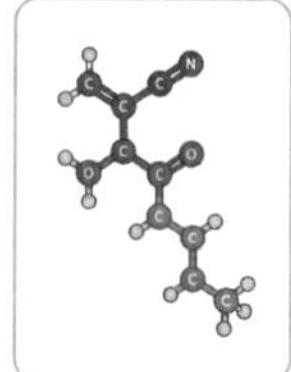 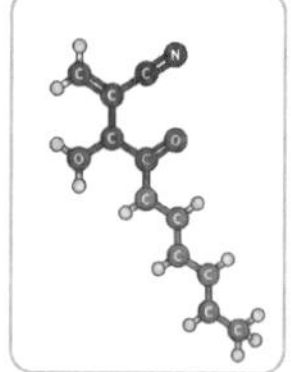

메틸 시아노아크릴레이트	에틸 시아노아크릴레이트	부틸 시아노아크릴레이트	옥틸 시아노아크릴레이트
Methyl Cyanoacrylate	Ethyl Cyanoacrylate	Butyl Cyanoacrylate	Octyl Cyanoacrylate
$CH_2{=}C(CN{\cdot}COO^-$	$CH_2{=}C(CN{\cdot}CH_2CH_3$	$CH_2{=}C(CN{\cdot}(CH_2)_3CH_3$	$CH_2{=}C(CN{\cdot}COO^-(CH_2)_7CH_3$

그래서 독성이 굉장히 낮고 유연한 대신에 그 만큼 단단하게
붙지 못합니다.

하나

그러면 메틸-시아노아크릴레이트가 제일 강하니까 더 좋은
거 아니에요?

에디

실제로도 옛날에 가발을 붙일 때는 메틸-시아노아크릴레이
트를 사용했었어요. 하지만 독성도 높고 공기중에 떠오르기도
쉬워서 눈과 호흡기에 자극이 아주 심해서 조심해야 해요.

하나

아… 속눈썹 연장 접착제로는 적합하지 않겠네요. 그럼 무
취 무백화 글루라는 건 뭐예요? 냄새도 안 나고 하얗게 되지도
않고?

에디

그건 저 표에 나오지 않은 메톡시 시아노아크릴레이트라는

성분인데, 네 개의 탄소 꼬리에 산소가 들어 있어요.

궁금하진 않으시겠지만, 구조를 그리면 이렇게 되는데, 덩치가 커서 공기중으로 퍼지지 않기 때문에 냄새가 안 나고, 증기가 없으니까 백화도 안 생기죠.

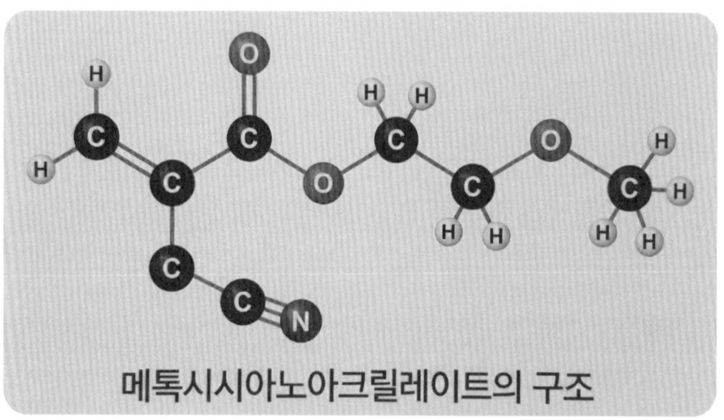

메톡시시아노아크릴레이트의 구조

하나

백화는 왜 생기는 건데요?

접착제 블루밍(Glue Blooming)의 과정

공기 중 수분

반응 및 입자화
(눈꽃 형성)

접착제 증발 (증기)

눈처럼 내리는 입자

시아노아크릴레이트 글루

백화 현상 (Blooming)
- 눈 쌓인 모습

에디

백화, 그러니까 글루 블루밍Glue blooming은 눈이 오는 거랑 비슷해요. 공기 중으로 퍼졌던 증기가 수증기랑 반응해서 입자가 되어 접착제 위에 내리는 거예요.

하나

눈 내리는 거라고 하니까 좀 신기하네요! 그런데 메톡시는 왜 잘 없어요?

에디

만드는 회사가 적어서 비싸고 구하기도 어렵고, 무엇보다도… 잘 안 붙어요. 제조사들도 기준을 바꿔보려고 했지만, 잘 되질 않았죠. 사실상 시술 시간이 두 배씩 늘어나니까요. 그런 수고로움까지 감수하면서 사용하려는 사람이 많을 리는 없으니까요.

하나

어휴… 뭐 쉬운 게 한 개도 없네.

에디

그런 이유로 우리는 독성과 물질적인 특성을 감안해서 에틸시아노아크릴레이트$_{ECA}$를 사용하고 있다. 이렇게 이해하시면 됩니다.

하나

그럼, 이 질문 진짜 자주 받았는데, 속눈썹 글루에 포름알데히드$_{Formaldehyde}$ 들어 있어요?

에디

어렵다면서 왜 자꾸 성분을 물어보는 거예요? 사실… 괴로움을 즐기는 성격인가?

결론부터 얘기하자면, 포름알데히드는 들어있어요. 애초에 시아노아크릴레이트가 시아노아세테이트Cyanoacetate와 포름알데히드Formaldehyde로 만들어져요. 이건 나무위키만 찾아봐도 나오죠. 원칙적으로는 1:1 대응이라 포름알데히드 잔량은 없어야 하지만, 반응하지 않고 남아있는 포름알데히드가 있게 됩니다.

하나

그럼 그 포름알데히드 때문에 눈시림이 생기는 건가요?

에디

그렇지는 않아요. 물론 포름알데히드도 자극은 가지고 있지만, 주로 자극은 시아노아크릴레이트 자체의 증기에서 자극이 생깁니다.

하나

그런데 왜 어떤 사람은 눈이 시리다고 하고, 어떤 사람은 괜찮아요? 다들 눈은 똑같이 민감할 것 같은데요.

에디

아주 좋은 질문이에요. 안구 건조증 때문이죠. 접착제의 증기가 눈에 있는 수분하고 반응하면서 눈이 시리게 되는 거예요. 접착제는 아까도 말씀드렸지만 아크릴산이니까요.

하나

그러니까 모두가 눈에 수분이 있잖아요? 안구 건조증이면 오히려 수분이 더 적은데 왜 눈시림이 있다는 이야기인지 이해가 안 돼요.

에디

그건 안구가 건조해지는 게, 원인이 아니라 결과라서 그래요.

하나

원인이 아니고 결과라는 건 또 무슨 말이에요?

에디는 잠시 말을 멈추고 턱을 쓰다듬으며 생각을 정리했다.

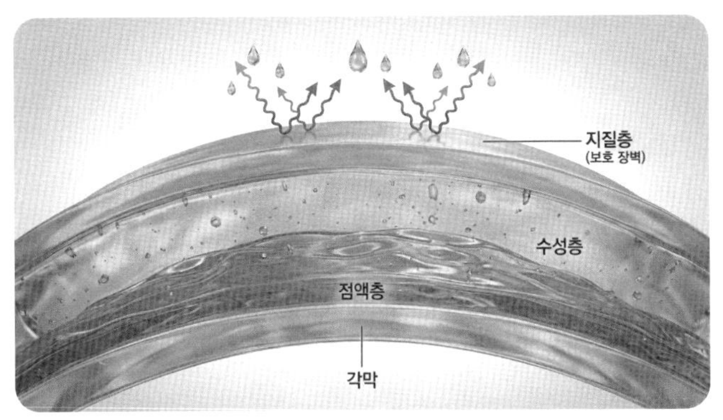

에디

그러니까 눈물을 도식화하면 이렇게 된단 말이죠.

하나

악법도 법이고, 눈물도 물이다.

에디

이상한 얘기하지 마시고요. 눈물은 물이 맞지만 점액층이
접착제 역할을 하고, 그 위에 수분층이 있고, 가장 바깥쪽은
지질층, 그러니까 기름막으로 보호를 받고 있어요. 우리 피부

도 수분 화장품 바른 뒤에 유분 화장품으로 덮어두면 수분이 오래 지속되잖아요?

하나

그럼 눈물의 기름층이 수분이 마르는 걸 방지하는 역할을 하는군요!

에디

맞아요. 그런데 눈에는 마이봄선이라는 분비선이 있어요. 이 샘이 기름을 분비하죠.

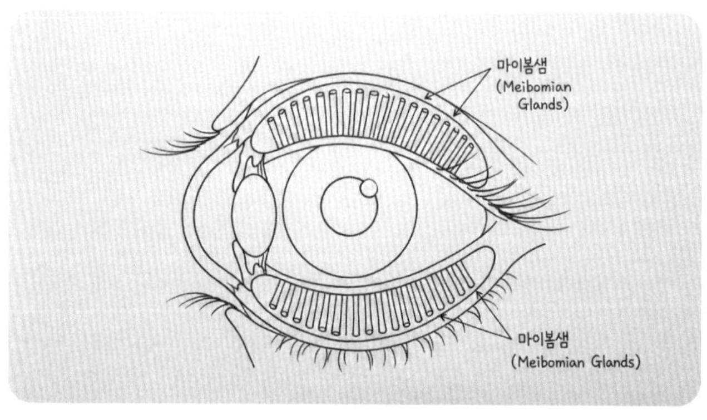

글루 공부

하나

이름은 마이봄’선’인데 왜 선이 아니고 이렇게 많아요?

에디

그게 일본어에서 번역해서 들어올 때 생긴 문제예요. Line 이 아니라 샘 선(腺) 자를 쓰거든요. 그래서 오해를 막기 위해서 마이봄샘이라고 부르다가, 요새는 ‘기름샘’이라는 말로 많이 써요.

하나

그냥 처음부터 기름샘이라고 하셨으면 어렵지 않지 않았을까요?

에디

그건 그렇지만, 안과 의사들이 사용하는 여러 용어를 익혀두시는 편이 더 좋으니까요. 일단 있어 보이잖아요? 대부분의 안구 건조증은 이 기름샘의 기능이 떨어지면서 시작이 돼요.

하나

아하! 그럼 눈에 기름칠이 잘 되는 게 안구 건조증을 막는 길이군요!

에디

맞아요. 그럼 눈에 기름칠이 잘 되려면 뭘 해줘야 할까요?

하나

그건 알아요! 안구 건조증 있으면 오메가3 먹으라고 하잖아요.

에디

맞아요. 오메가3 기름은 불포화 지방이라서 구조가 안정적이지 않고 밀도가 낮아서 액상이기 때문에, 눈에서도 분비가 쉬워요. 그래서 오메가3 지방을 섭취하는 게 안구 건조증에 큰 도움이 되지요. 하지만 한 가지 문제가 있어요.

하나

그 문제는 뭔가요?

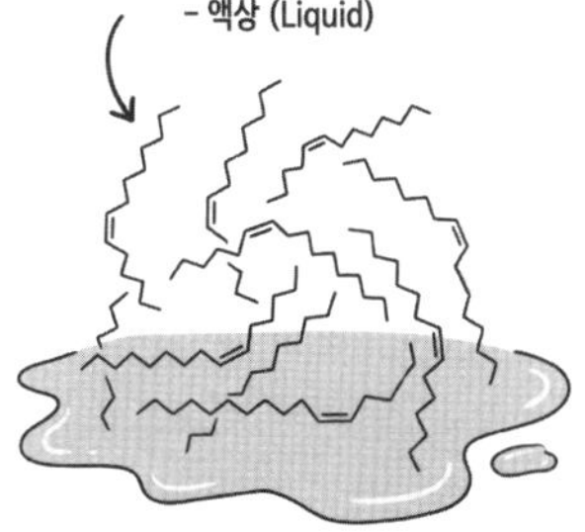

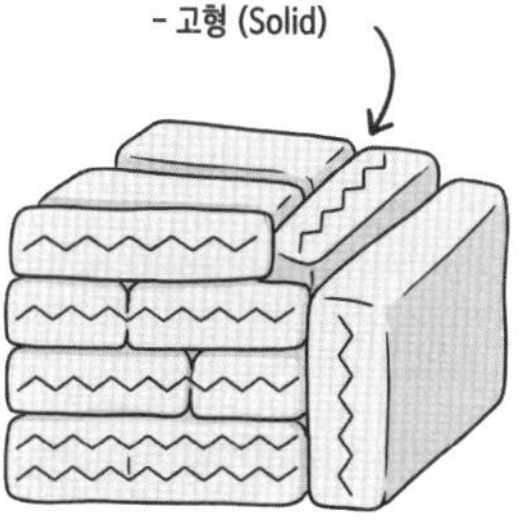

에디

이 기름은, 결국 눈을 깜빡일 때 눈에 도포가 된단 말이에요.

하나

그런데 사람들이 눈을 잘 안 깜빡거려요?

하나는 눈을 깜빡이며 말했다.

에디

맞아요. 원래 일반적으로는 사람이 3~4초에 한 번씩 눈을 깜빡여요. 그런데 '원래는' 도파민 수치가 증가하면 원래는 눈을 더 자주 깜빡이거든요? 그런데 시각적 자극이 있는 경우에는 오히려 눈을 60초에서 70초까지 안 깜빡거려요.

하나

틱X이나 쇼X볼 때처럼요?

에디

맞아요. 그래서 눈 깜빡임 횟수가 1/20 정도로 줄어들면 안구 건조증의 원인이 되는 거죠.

하나

그럼 기름막이 없으니까 눈에 있는 수분이랑 접착제가 반응하고, 접착제는 산성이니까 눈이 따가운 거네요?

에디

정확해요. 그런 경우에도 눈을 따뜻하게 해주면 유분이 흘러나오기 쉽기 때문에 병원에서도 온열치료나 물리치료를 하기도 합니다.

하나

물리치료요?

에디

네, 진짜로 기름샘을 쥐어짜서… 유튜브에 찾아보세요.

하나

(유튜브를 찾아보고는) 이렇게 되기 전에 잘 관리해야겠네요!

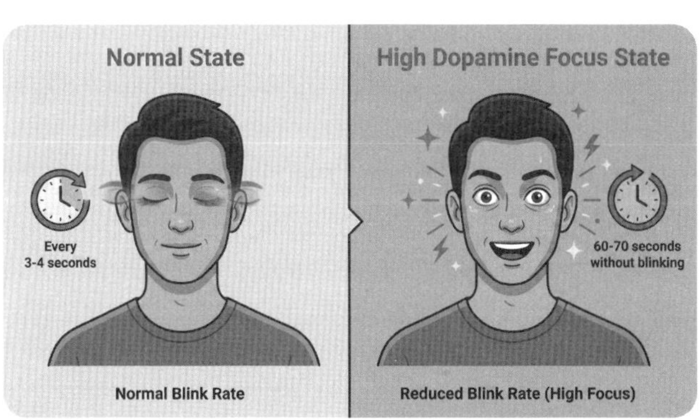

속눈썹 접착제는 대체 뭐야?

하나

아, 그런데 포름알데히드 얘기하다가 얘기가 너무 멀리 돌아왔어요. 포름알데히드 들어 있으면 접착제 못 판다면서요?

에디

아예 안 들어 있어야 하는 건 아니고, 일정 함량이 정해져 있어요. 예전에는 20 PPM이었는데,

하나

PPM은 또 뭐예요?

에디

지금 설명하고 있잖아요. PPM은 parts per million이에요. 100만분의 1이라는 뜻이죠.

하나

100만 분의 20…

에디

넵. 쉽게 말하자면 1톤 중에 20그램이죠.

하나

그렇게 말하니까 엄청 적네요? 20% 같은 건 줄 알았어요.

에디

네. 엄청나게 적은 양이죠. 그러다 보니 그렇게 적은 함량으로 접착제를 만드는 게 이상적이지만 사실은 불가능했어요. 그래서 지금은 10,000 PPM으로 기준이 변경되었어요.

하나

1톤 중에…1킬로?

에디

1만 그램이니까 10킬로예요. 편하게 얘기하면 1%.

하나

나 산수도 잘 못하네…

에디

괜찮아요. 뭐 다른 건 잘 하나요. 농담이고, 딱 떠오르지 않
죠 원래.

하나

위로는 됐고 재미있는 얘기나 하나 해주세요.

에디

좋아요. 그럼 순간접착제의 탄생 비화를 얘기해드릴…까요?

하나

됐다고요!

에디

그러니까, 처음으로 순간접착제를 만든 회사는,

하나

그건 알아요! 록타이트죠? 제일 유명하잖아요.

글루 공부

에디

땅. Kodak 이라는 회사예요.

하나

까비. 거의 맞췄는데!

정말로 아쉬운 표정으로 하나가 얘기하자, 에디는 발끈하며 말했다.

에디

아니, 비슷하지도 않았거든요?

하나

그런데 코닥이라는 회사는 뭐하는 회사인 거죠? 검색해보니까 코닥이라는 회사 알면 올해 건강검진 받아 보라는데요?

하나는 에디에게 둘둘 말려있는 필름의 이미지가 나와 있는 휴대폰을 내밀었다. 에디는 얕은 한숨을 쉬며 이마를 짚었다.

에디

그만큼 오래된 회사이긴 하죠. 원래는 카메라용 필름을 만드는 회사였는데, 이것저것 다른 물건들도 많이 만들었었어요. 그 중에 하나가 순간접착제죠.

원래는 1940년대 초반에 헨리 웨슬리 쿠버라는 사람이 투명한 렌즈를 만들려고 만들어낸 물건이에요. 그래서 아크릴레이트를 액체 상태로 투명하게 굳혀서 렌즈로 만들려고 했는데 실패한 거죠. 그래서 그냥 노트에만 적어두고 결과물은 폐기했었어요.

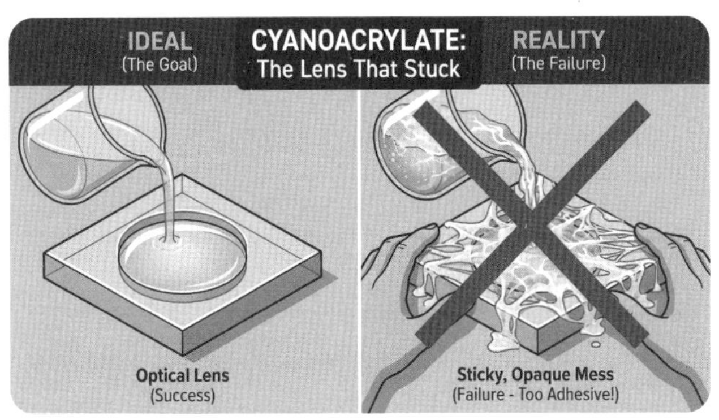

반전은 6년 뒤에나 찾아왔어요. 소량만으로도 엄청나게 끈적거리고, 잘만 쓰면 금세 붙어버리는 성질 때문에 순간접착제로 판매하게 되었답니다.

정작 하나는 카메라용 필름이 무엇인지 모르는 듯, 에디의 눈을 바라보고 영혼 없는 미소를 지었다.

하나

아, 네, 재, 재미있네요.

에디

…커피가 다 식었네요. 오늘은 여기까지 이야기하고, 또 궁금하신 게 있으시면 다음에 말씀해 주시겠어요?

에디는 급하게 아직도 김이 모락모락 올라오고 있는 뜨거운 커피를 마셔버리고 이야기를 마무리했다.

에디의 Tip

속눈썹 접착제는 여러 종류의 시아노아크릴레이트 중에 독성이 적고 접착력과 유지력이 우수한 에틸-시아노아크릴레이트로 아크릴산이에요. 이 특성을 이해하면, 왜 눈시림이 발생하고 왜 다른 성분들이 접착제를 굳히는 데 도움이 되는지를 이해할 수 있어요.

하나의 Tip

눈시림의 원인은 주로 안구 건조증이기 때문에 오메가 3를 꾸준히 섭취하거나 온열치료로 안구 건조증을 치료하면 눈시림을 줄일 수가 있어요. 방치하면 기름샘 시술을 하는데 무척이나 괴로운 과정이니 미리 잘 관리해야 해요.

글루 공부

PMMA는 또 뭐야?

누군가 컴퓨터 앞에 앉아 사무를 보고 있는 에디의 사무실 문을 두드렸다. 에디는 고개를 돌렸고, 문 틈 사이로 조심스레 얼굴을 들이민 하나가 보였다.

하나

안녕하세요! 또 저예요!

하나는 양손에 들린 테이크아웃 커피를 들어 올려 보였다. 에디의 입가로 미소가 번졌다. 아이스 아메리카노였기 때문이다. 뜨거운 커피에 벗겨진 입천장이 아직도 쓰라렸던 참이었다. 해맑은 그 모습에 에디는 화를 낼 수 없었다.

글루 공부

에디

들어와요. 오늘은 뭐가 궁금했어요?

하나

아 다름이 아니고, 다들 MMA 프리 MMA 프리 하는데, 제대로 설명해주는 사람이 별로 없어 가지고…

하나는 MMA 프리라고 하면서 손발을 휘젓는 시늉을 해보였다. 관련 업계 사람이 아니면 MMA라고 하면 아무래도 이종격투기Mixed Martial Arts가 떠오르기는 할 터였다.

에디

잘 찾아왔어요. PMMA는 뭔지 알아요?

하나

네 찾아보니까 폴리 메틸… 뭐더라고요.

에디의 얼굴에 화색이 돌다가, 이내 다시 시무룩해졌다.

PMMA는 또 뭐야?

37

에디

혹시 지난번에 만났을 때, 속눈썹 연장 접착제가 특별한지 물어보셨는데 제가 '아니기도 하고, 그렇기도 하다'라고 했던 걸 기억하실까요?

하나

맞아요. 서로 아니, 아니, 하고 얘기했을 때.

에디

네네. 그때요. 그 '특별함' 이야기예요. 원래 순간접착제가 처음에 만들어졌을 때는 점도가 2 cPs거든요.

하나

cPs는 또 뭐예요?

그 질문에 깨끗하게 면도되지 않은 턱을 쓰다듬으며 생각에 잠겼다. 하지만 cPs의 개념은 아무리 생각해도 쉽게 설명할 수 없을 것 같았다.

에디

그러니까, 센티포아즈라는 단위인데… 많은 단위들이 그렇듯 물이 1 cPs예요.

하나

그런데요?

에디

그런데 **저희가 사용하는 글루는 100~120 cPs 정도가** 되

PMMA는 또 뭐야?

거든요. 접착제의 원액은 원래 2 cPs 정도랍니다. 물보다 두 배 끈적끈적한 액체라는 뜻이고, 우리는 그 50배 이상을 더 끈적끈적하게 만들어서 사용하는 거죠.

하나는 언뜻 이해가 가지 않는 듯한 얼굴로 에디의 다음 이야기를 기다리고 있었다.

에디

물이 1이고, 우유가 대충 3 cps 정도예요. 원래는 그 사이의 점도인데, 이걸 올리브 오일보다 약간 더 점도가 있게 만들어야 하는 거예요.

하나

네네. 그런데 그 얘길… 왜, 지금 하시는 거죠? 혹시 제 질문을 잊으신 건 아니시죠?

에디는 속으로 '의욕은 넘치지만 성격도 급하고, 숨 쉬듯 무례하군.'이라고 생각하면서도, 마저 설명을 이어 나갔다.

에디

그 폴리메틸메타크릴레이트_{PolyMethylMethacrylate, PMMA}라는 아크릴 성분이 접착제에 들어가면 그렇게 점도를 높이는 역할을 해주거든요.

하나

전분처럼?

에디

네. 전분처럼.

하나

그 폴리 아무튼 그거가 콘택트렌즈에도 쓰인다면서요. 그럼 렌즈가 녹아 있는 거예요?

에디

꽤 옛날이야기예요. 요새는 RGP_{Rigid Gas Permeable, 산소 투과성}렌즈라고, PMMA는 잘 안 써요. PMMA는 산소 투과성이 제로라서 PMMA로 만든 렌즈를 쓰면 각막이…

PMMA는 또 뭐야?

하나

어쨌든 그런 콘택트렌즈를 글루에 녹여 놨다는 얘기잖아요? 그러면 콘택트렌즈를 쓴 고객님이 속눈썹 연장을 받으시다가 글루가 렌즈에 묻으면 어떻게 돼요? 녹아요?

참을성이 적은 학생을 두고 에디는 고개를 가로저으며 말을 이어갔다.

에디

아뇨. 녹지는 않지만 렌즈 표면하고 반응해서 바로 굳어요. 눈에 큰 문제가 생길 가능성은 매우 낮지만 렌즈는 못 쓰게 되기는 해요. 일단 떼어낼 수 없는 덩어리가 생깁니다.

하나

아… 몸에는 큰일은 안 나는구나.

에디

지갑에는 큰일이 나죠. 그렇지만 그 정도로 접착제를 많이 쓰실 일은 없을 거예요. 한 번 속눈썹에 찍히는 접착제 양은

두께에 따라 다르지만 한 가닥에 0.001그램 정도로 굉장히 적은 양이니까요.

하나
그래도 겁이 나는 걸요!

에디
속눈썹 연장은 아주 조심해서 해야 하는 시술이기는 하니까요. 하지만 이렇게 열심히 하시니까 분명 금방 잘하실 수 있게 될 거예요!

에디는 이제 질문 좀 그만했으면, 하고 대화를 마치려고 시도했다.

하나
그런데 그 PMMA는 왜 못쓰게 하는데요?

하지만 효과는 미미했다!

에디

PMMA는 또 뭐야?

그 PMMA가 Poly, 그러니까 덩어리란 말이죠.

그런데 단분자 상태인 메틸메타크릴레이트(MMA)가 되면 문제가 달라요. 이 MMA는 휘발성이고 냄새도 독하지만 실제로도 점막자극을 일으킨다는 말이죠. 심각한 경우에는 드물게 신경 손상을 유발하기도 한다고 알려져 있어요.

눈 근처에 사용하기엔 위험하다고 판단한 거예요.

하나

냄새가 독해요? 홍어처럼?

에디

네, 맞아요. 톡 쏘는 냄새와 자극을 가진 물질이죠. 물론 큰 덩어리가 되지 못한 단량체 MMA는 그렇게 많은 양이 들어 있는 건 아니지만 그래도 자체로 위험성이 있기 때문에 한국에서는 아예 불검출이 기준이에요.

하나

'한국에서는'요?

에디

네, 한국에서는요. 다른 국가들 중 아직 강력하게 규제하는 곳은 없습니다. PMMA를 제조에 사용하면 극소량의 MMA 검출은 불가피하거든요. 해외에서는 인체 안전성에 영향을 주지 않는다는 데이터를 가지고 있으면 검출되더라도 처벌받지 않아요. 하지만 한국에서는 무척 강하게 처벌받기 때문에 제조사들도 MMA 프리 접착제를 개발한 거죠. 처벌 수위가 얼마나 높냐면… 음주운전하고 비슷해요.

하나

헉, 무척 중범죄 취급을 받네요! 그런데, 잠시만요. 그럼, PMMA를 넣지 않은 접착제의 MMA 프리 제품의 성능은 어때요?

에디

좋은 질문이에요. 성능은 약간 떨어진다고 이야기해야 할 것 같아요. 안전성을 위해서 성능을 조금 희생하는 형태가 되지요. 아무래도 유지력이나 접착력 면에서는 조금 아쉬운 부분이 있고 그렇습니다. 특히 기존 제품을 사용하시던 원장님들의 적응 시간이 오래 걸리는 게 제일 어렵죠.

하나

성능이 떨어지는구나… 그럼, PMMA 대신에 뭘 넣어요?

에디

정확하게는 원장님들이 원하는 성능과는 좀 다른 부분이 강조된다고 해야 할 것 같아요.

점도 조절제 부분은 제조사마다 차이가 있습니다.

초창기에는 PVAC라고 목공풀 성분을 넣기도 했었는데, 색소가 가라앉아서 투명해진다거나 시간이 지나면서 점도가 풀려서 물처럼 변하거나 하는 일이 생겨서 자체적으로 점도 조절 성분을 개발한 업체들이 많습니다. 이제는 초창기처럼 엄청나게 성능이 떨어져서 못 쓰겠다, 이럴 정도는 아니에요.

하나

아, 빠르고 오래가는 접착제가 무조건 좋은 건 아니라는 거군요.

에디

맞아요. 접착제에 넣으면 유지력, 접착력이 좋아지는 톨루엔이라는 성분이 있는데, 성능은 혁신적으로 좋아지는 대신에 엄청난 단점이 있거든요.

하나

뭔데요?

에디

영구적인 뇌 손상, 청력 손상이나 간독성이요

하나

…톨루엔이라는 성분이 들어 있는 제품은 절대 쓰면 안 되겠네요.

하나는 겁먹은 표정으로 에디를 바라보았다.

에디

하하하. 걱정 마세요. 우리나라에서는 접착제에 톨루엔이

PMMA는 또 뭐야?

들어가는 것도 엄격하게 규제한답니다. 접착제에서 톨루엔이 검출되어서 망하기 직전까지 간 회사도 있어요.

하나의 표정이 다소 밝아졌다.

하나
그건 정말 다행이네요! 오늘 궁금한 건 여기까지예요! 말씀 감사합니다!

에디는 별일 아니라는 듯이 웃음을 지어보였다.

에디의 Tip

MMA$_{Methyl\ Methacrylate}$는 속눈썹 접착제를 낮은 점도$_{2cPs}$ 에서 고점도$_{100\sim120cPs}$로 만들어주는 물질이지만 점막 자극을 일으키는 물질이에요. 그래서 한국에서는 강도 높은 규제를 하고 있고 현재의 MMA 프리 글루가 한국에 보급되는 원인이 되었습니다.

하나의 Tip

MMA 프리 글루는 PMMA가 들어 있는 접착제와는 성질이 약간 다르기 때문에 적응을 위해서 약간의 연습이 필요해요. 잘 경화되고 나면 유지력이나 접착력은 조금은 차이가 있긴 하지만 안전하고 건강한 속눈썹 연장이 가능해요.

PMMA는 또 뭐야?

수분경화형?

하나는 속눈썹 연장을 하지 않는 날이면, 에디의 사무실에 들러 커피를 축내는 것이 거의 일과처럼 되었다. 아직도 해결되지 않은 질문이 산더미처럼 쌓여 있었기 때문이다.

하나

그런데요, 풀이랑 속눈썹 글루랑은 뭐가 달라요?

평화로운 수면 위에 떨어진 물방울 하나에 파문이 일었다. 에디는 노트북을 덮었다.

에디

풀은, 밥풀이라고 해야 하나… 이해하기 쉽게 설명하자면 콧물과 코딱지와 같은 관계예요.

하나

으엑. 더러워. 왜 코딱지에 비유하는 거예요?

에디

밥풀이나 코딱지는 처음엔 액체와 고체의 중간적인 성격을 띄고 있죠? 그런데 수분이 날아가고 나면 고체가 남고 붙어버리잖아요.

하나

그렇죠.

에디

그런데 글루는 정 반대예요. 수분이 닿으면 딱딱해져요.

하나

수분만요?

에디

사실 글루 자체는 굉장히 예민한 물건이에요. 기름이 닿아도 굳고, 염분이 닿아도 굳고.

하나

기름이 닿아도 굳어요? 그래서 유분 때문에 유지력이 떨어진다고 그래요? 그런데 피마자 기름은 달라요? 영국인가 어디에 피마자 기름(Castor oil)이 들어간 글루가 있다던데요?

에디

그거 뻥이에요. 정말 그런 거짓말 하는 제조사들은 딱 질색이에요. 피마자유의 분자 구조는 이렇게 된단 말이에요.

하나

…그, 그런데요?

에디

하아… 저 뾰족뾰족한 팔처럼 생긴 애들이 전부 HO잖아요.

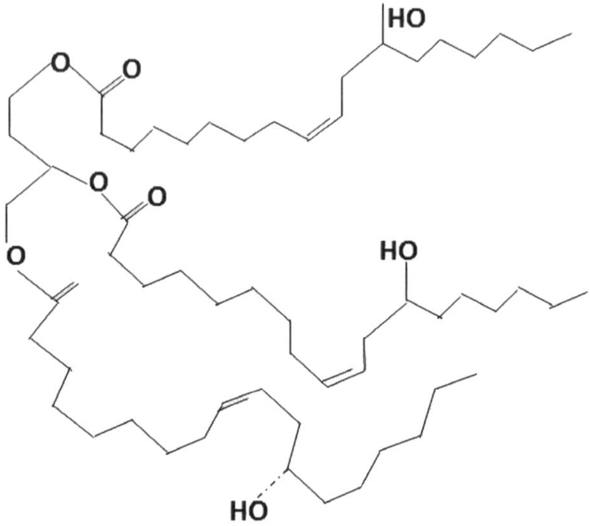

하나

H, O? 호?

에디는 고개를 가로저으며 말했다.

에디

HO는 '하이드록시$_{수소+산소}$기'라고 해요. 하아… 물의 분자식이 뭐죠?

하나는 의기양양하게 말했다.

하나

저를 너무 무시하시는 거 아니에요? H잖아요.

에디

넵. 계속 무시하도록 하겠습니다. H_2O잖아요?

하나

까비. 거의 맞췄는데.

에디는 이번에는 대답도 하지 않고 말을 이어갔다.

에디

설명이 쉽게 하기 위해서 우리가 접착제를 '수분경화형'이라고 부르고 이해하지만, 실제로는 접착제는 경화되기 위해 물 속에 있는 OH-이온을 사용하는 거예요. 그래서 OH-이온을 가진 성분들은 접착제를 굳혀버릴 수가 있어요.

피마자유는 그거랑은 다르지만 저 HO_{하이드록시} 팔들이 제멋대로 분자들을 끌어당겨서 연결해버려요.

하나

아! 닥터 옥토퍼스처럼?

에디

네. 닥터 옥토퍼스처럼.

하나

그럼 물만 글루를 굳힐 수 있는 건 아니네요?

에디

네 맞아요. 수분경화형이라는 건 결국 공기 중에 있는 성분 중에 글루를 굳히는 데 제일 많이 관여하기 때문에 붙여진 설명이라고 이해해주시면 되겠습니다.

하나

그런데 피마자유 말고 다른 기름은 접착제를 굳히는 데 도움이 안 돼요? 다들 유분 들어있는 클렌징이나 제품들 피해야 한다고 하던데.

에디

아주 좋은 질문이에요. 일단 기름이 접착제의 반응을 느리게 만드는 데는 여러 가지 이유가 있지만, 일단 이 그림처럼 되겠죠?

첫 번째, 천연 속눈썹의 표면을 코팅해버리기 때문에, 천연 속눈썹이 아니라 유분과 접착이 되어버리죠.

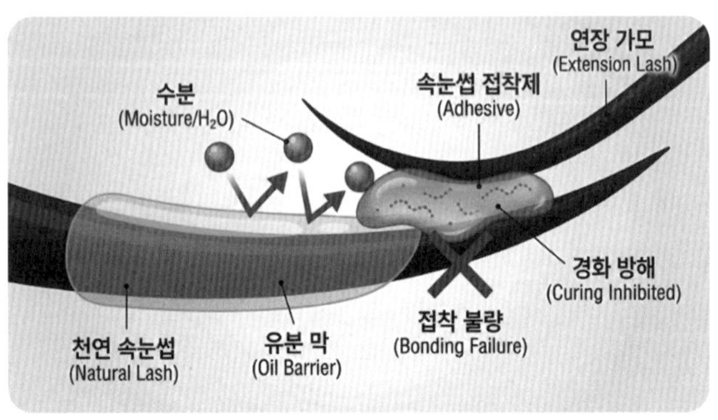

두 번째, 한 면의 수분과의 반응을 방해하므로 구조적으로 더 약해집니다.

세번째로 이미 경화가 완료된 속눈썹도 유분이 닿으면 미끄러지기 쉬워집니다.

속눈썹 단면이 이런 그림처럼 생겼는데, 저 큐티클 비늘 사이사이로 글루가 들어가 줘야 더 튼튼한 구조를 만들 수가 있어요. 그런데 기름막이 방해를 하고 있으면 속눈썹이 붕 떠있는 상태가 되고, 구조가 약해지는 거죠.

글루 공부

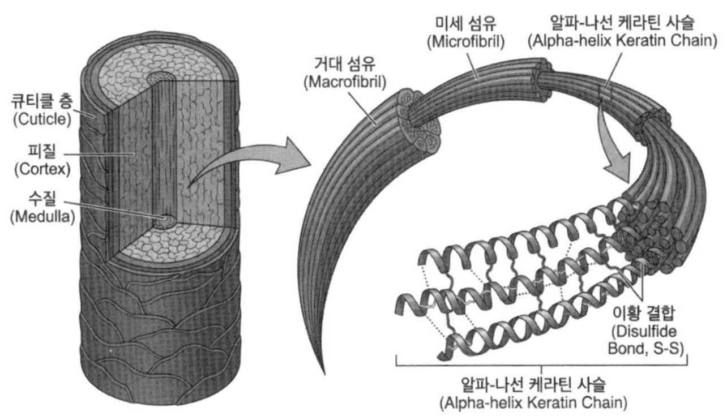

하나

오! 완전히 이해했어요! (이해 못했음)

에디

저렇게 글루가 스며드는 습성을 젖음성이라고 하는데, 그 젖음성을 방해하는 게 가장 큰 원인이라고 생각하시면 될 것 같아요.

하나

어쨌든… 유분을 제거하는 게 매우 중요하다. 뭐 이렇게 이

수분경화형?

해하면 되겠죠?

에디

맞아요. 그게 래쉬 프라이머 같은 제품들이 필수적인 이유예요. 이외에도 속눈썹 전용 샴푸 같은 제품도 있죠.

하나

꼭 속눈썹 전용 샴푸여야 해요?

에디

아무 제품이나 괜찮지만 두 가지 정도의 조건이 붙어요.

하나

그럼 아무 제품이나 괜찮은 게 아니잖아요?

에디

흠흠. 아무튼. 첫째로 눈에 들어갔을 때 따갑지 않을 것. 이건 너무 강한 알칼리성이나 산성을 띄지 않을 것이라는 뜻이기도 해요. 이 조건을 충족하는 게, 아기 샴푸죠.

하나

샴푸에 물을 타서 쓰는 건요?

에디

단시간 내에 쓸 거라면 가능해요. 3일 이내에 전부 써버릴 거라면 괜찮은데, 그 이상은 녹농균 같은 균이 번식할 우려가 있어서 조심해야 해요. 녹농균이 생기면 피부염이나 탈모가 생길 수가 있거든요.

하나

혹 떼려다가 붙이는 셈이네요. 두번째 조건은 뭐예요?

에디

충분한 세정력을 가질 것.

하나

당연한 거잖아요.

에디

아니에요. 꼭 그렇지는 않아요. 아기 샴푸는 유분은 지울 수 있지만, 메이크업은 잘 안 지워지거든요. 그래서 클렌징 워터를 사용하면, 클렌징 워터는 이름은 워터지만 생각보다 많은 제품들이 유분이나 혹은 유분처럼 작용할 수 있는 성분들을 포함하고 있어요.

하나

저도 클렌징 워터 있어요. '오일 프리' 제품인데요?

에디

이게 함정이에요. 오일프리라고 표기되어 있어도, 자 봐요. PEG-40 하이드로제네이티드 캐스터 오일_{PEG-40 Hydrogenated Castor Oil}이라는 성분이 들어 있죠?

하나

오일 프리인데 오일이 들어가 있네요!

에디

아니에요. 이건 화학적으로 순수한 오일은 아니에요. 수소를 첨가하고 PEG를 붙여서 만든 계면활성제…

하나

아니, 그러니까 오일이에요? 아니에요?

에디

엄밀하게는… 아니에요. 그 외에도 PEG-숫자-글리세라이드, 폴리솔베이트 계열들이 전부 오일처럼 작용하거나 친유 성분이라 접착력에 작용할 수도 있어요.

하나

오, 다른 성분들도 있어요?

에디

에스테르 계열의 용해제는 글루를 녹일 수가 있고, 다이메티콘 같은 실리콘 오일들도 있어요.

하나

너무 어려워요… 그럼, 대체 뭘 써야 해요?

에디

폴록사머 184 같은 아주 순한 계면활성제가 좋아요. 세정력은 좀 약하지만 접착력에 영향을 주지 않을 정도죠.

하나

오케이! 드디어 한 개 건졌다.

그러고 보면 하나는 공책을 펴놓기만 하고 거의 아무것도 메모하지 않은 상태였다. 삐뚤빼뚤한 글씨로 '플록사머 184'를 적어갔지만 에디는 굳이 '폴록사머poloxamer'라고 정정해주지 않았다.

에디의 Tip

속눈썹 접착제를 수분경화형이라고 부르는 건 공기 중
에 있는 성분 중에는 수분이 가장 많이 관여하기 때문
이에요. 실제로는 수분 안에 있는 OH-이온이 접착제
를 굳게 만들고, 실제로는 접착제는 반응을 굉장히 잘
하는 물질이라 다른 성분들도 접착제를 굳히는 데 도움
을 줄 수 있어요.

하나의 Tip

유분은 속눈썹의 겉을 코팅해서 접착제가 붕 뜨게 만들
어요. 그래서 접착력과 유지력을 떨어뜨리기 때문에 눈
에도 안전하고 충분한 세정력을 가진 계면활성제(예를
들어 폴록사머 184)가 들어 있는 프라이머 제품을 사
용하시는 게 좋아요.

슈퍼 본더?

하나

근데, 그럼 슈퍼 본더는 뭐예요?

에디

어디부터 궁금해요? 역사?

하나

아뇨.

하나는 가늘게 뜬 눈으로 에디를 바라보며 말했다. 에디는 모처럼 승리감에 취해 웃음을 지었다.

에디

그런데 길고 긴 역사 얘긴 아니더라도, 처음에 대해서는 이야기해야겠어요. 최초의 슈퍼 본더는 소금물이었어요.

하나

네? 소금물이요?

하나의 눈이 동그랗게 커졌다.

에디

네, 처음에 슈퍼 본더라는 제품을 출시한 브랜드는, Aqua, 그리고 Sodium chloride라는 성분을 사용했어요.

하나

아쿠아는 알아요. 물이잖아요. 그런데 소금은 없는데요? 소금은 염화 나트륨이잖아요.

에디

나트륨은 우리가 쓰는 표현이고, 영어에서는 Sodium이라고 해요. 그리고 Sodium Chloride가 우리가 아는 염화 나트륨이에요. 소금이죠. 교묘하게 salt라는 표현을 쓰지 않았는데, 소금이 들어가 있어요.

하나

하지만 사람들이 소금은 연장 유지력에 해롭다고 하잖아요.

에디

아주 좋은 지적이에요. 일반적으로 연장 후에는 소금기가 무척 해로워요. 소금 결정이 속눈썹 글루를 연마제처럼 갈아내기도 하고, 삼투압으로 속눈썹과 접착제에 있는 미량의 수분을 뺏어가기 때문에 접착제가 아주 취약해져요.

하지만 소금물은 일반적인 물보다 OH−이온의 이동이 빨라요.

하나

또 어려운 얘기 나왔다.

에디

OH-는 '전자'예요. 전기란 말이죠. 그래서 소금물은 이 전자의 이동이 빨라요. 그리고 이온 전달 역할을 마치고 나면 소금의 역할은 끝나고, 연마제 역할도 하지 않죠.

하나

타이밍이 문제네요.

에디

맞아요. 타이밍이 문제죠. 하지만 결국에 씻겨나가지 않으면, 오히려 연장 유지력에 방해가 되겠죠?

하나

맞아요. 그럼 어떻게 해요? 바로 씻어야 하나?

에디

네. 실제로도 3분 이내에 속까지 바로 굳어버리니까 일찍 세안을 해도 된다고 하죠. 이건 해도 된다고 하기보다는 오히려 권장사항이에요.

하나

아하! 원래는 24시간 정도는 세안을 안 할 수 있으면 하지 말라고 하는데… 잠시만요, '속까지' 굳는다고요?

에디

네. 수분하고 반응한 접착제는, 원래 표면만 굳어요.

하나

속까지 굳는 데는 얼마나 걸리는데요?

에디

글루 덩어리가 얼마나 큰지에 달렸죠. 순간접착제라고 하지만 용기 캡을 열어 놓아도 금세 굳어버리진 않잖아요? 하지만 반응을 시작해서 이미 굳어가는 중인 거예요. 그래서 접착제는 길어도 4주 이내에 다 쓰고 버리라는 거고요.

하나

일반적인 속눈썹 연장은 속까지 굳는데 24시간이 걸리는 거고요?

에디

그렇다고 하는 거죠. 그것도 온습도나 환경에 따라 달라요.

하나

습도는 수분이 필요하니까 그렇다고 치고… 온도는 왜요?

에디

온도가 높으면 이온의 이동이 더 빨라지기 때문이죠. 여름에는 그래서 글루가 더 빨리 굳어요. 습도도 높은데 이온의 이동도 빨라지니까요.

하나

그럼 연장 시술할 때도 영향을 끼쳐요?

에디

네. 물론이죠. 국내에서는 가경화가큐어라고도 부르는데, 해외에서는 Shock curing, 그러니까 충격 경화라고 불러요. 가속눈썹을 붙이기도 전에 이미 접착제 표면이 굳어버리는 거죠.
여름에는 다른 문제도 하나 있어요. 접착제는 푸딩 같거든요.

하나

푸딩이요? 맛있어요?

에디

그런 건 아닌데, 추우면 더 꾸덕해지고 더우면 묽어진단 말이에요?

하나

네네. 푸딩이 그렇죠…

에디

점도가 변하면 접착제가 묻는 양이 달라져요. 그럼 여름에는,

a. 점도가 묽어서 글루 방울이 작게 찍히는데 그러면 이온의 이동 거리가 짧죠.

b. 공기 중에 수분은 많고

c. 심지어 이온의 이동도 빨라져요.

고로 충격 경화가 일어나기 쉬운 조건이죠.

반대로 겨울에는 점도가 높으니 글루 방울이 크고, 이온의

이동 거리가 길고, 공기 중의 수분은 적고, 이온의 이동도 느려요.

그래서 여름과 겨울에 유독 접착제 사용이 무척 힘들어져요.

하나

그런데 왜 그림 그릴 때 한글이랑 영어랑 같이 쓰세요?

에디

아 그건 제가 (I) 영어를 (English) 공부 (Study) 하고 있어서…는 아니고, 이해를 돕기 위해 인공지능으로 생성한 이미지인데 인공지능_{Gemini} 놈이…

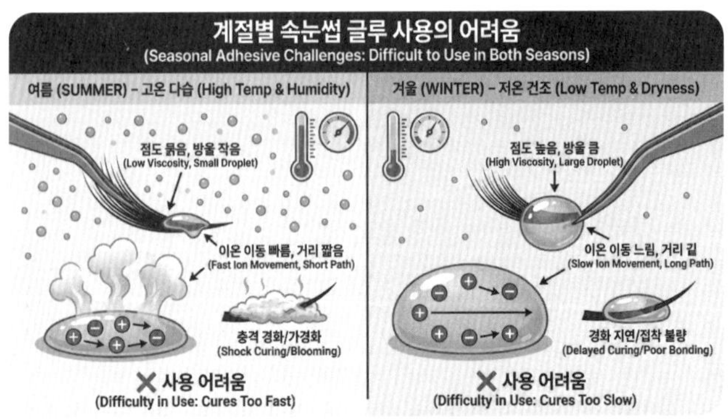

글루 공부

하나

애써주신 덕분에 일단 여기까지는 이해했어요. 그런데 그럼 슈퍼 본더를 사용하면 3분 내에 속까지 경화가 되는 거고요?

에디

맞아요. 그런데 소금기가 남아 있으면 속눈썹 연장 유지력이 오히려 떨어질 수 있다고 말씀드렸죠?

하나

네. 맞아요. 그럼… 요즘 슈퍼 본더는 소금이 아니고 다른 걸 쓰나요?

에디

네. 요새 제품에는 아민 복합체 같은 것들이 들어가요. 전에 제가 시아노아크릴레이트는 아크릴산이라고 말씀드렸죠?

하나

네. 아크릴산이라서 따가운 거라고 말씀하셨죠.

에디

잘 기억하고 계시네요. 그래서 접착제는 **산성이 닿으면 느려지고, 알칼리가 닿으면 빠르게 굳어요.** 아민 복합체는 소금보다 훨씬 강력한 방아쇠가 되어주죠. 그리고 결합 구조도 훨씬 더 강해져서 유지력에도 도움이 됩니다.

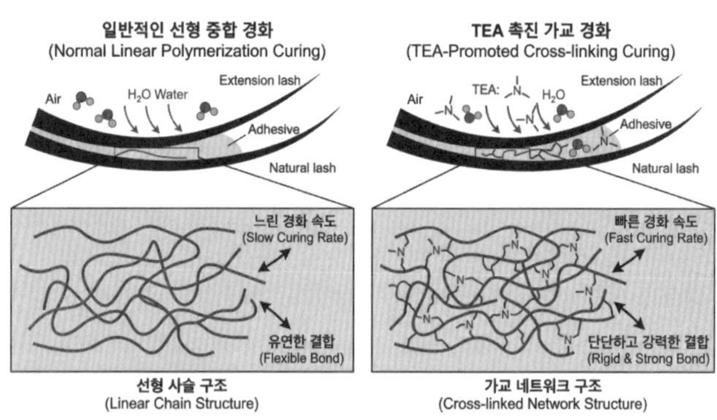

하나

그냥 '강해집니다' 정도로는 감이 안오는데…

에디

속눈썹 연장 접착제가 얼마나 튼튼할 것 같아요? 당기면 몇 kg쯤 힘을 주면 떨어질까요?

하나

100원짜리 동전 하나는 들어올리는 걸 봤으니까… 5? 5.42g?

하나는 동전 한 개의 무게를 검색하며 말했다.

에디

의외로 굉장히 강해요. 6kg 정도의 힘을 줘야 떨어진답니다.

하나

우와! 생각보다 엄청 튼튼하네요!

에디

그런데 슈퍼 본더 제품을 사용하면 9kg 정도의 인장강도를 가져요. 1.5배 정도 더 강해지죠.

하나

슈퍼 본더는 생각보다 필수품이었네요!

에디

맞아요. 특히 순간적으로 접착제를 경화시키기 때문에 발생하는 증기 같은 것도 줄어들어요. 시술자와 고객 양쪽이 다 만족할 만한 좋은 제품이에요.

하나는 벌써 슈퍼 본더를 검색해 장바구니에 넣으며 대화에 집중하지 못하고 있었다. 에디는 살짝 미소를 띄운 채로 돌아서서 어느새 식어있는 커피를 버리고 커피 메이커에서 새 커피를 잔에 따라서 하나 앞에 놓아두었다.

에디의 Tip

소금기가 속눈썹 연장 유지력에 해로운 건 속눈썹 연장을 끝내고 나서부터에요. 적당량의 소금 이온은 접착제를 빠르게 속까지 굳게 도와주지만, 지금은 아민 복합체 같은 이온들이 더 유리하기 때문에 많은 제품들이 트리에탄올아민 등의 성분을 사용합니다.

하나의 Tip

슈퍼 본더를 사용하면 유지력도 높이고 고객분의 눈시림을 줄일 수 있어요.

슈퍼 본더?

글루 보관법

드라마에서는 잘 풀리는 회사가 무척이나 시끌벅적하게 묘사되지만, 실제로는 정 반대다. 오히려 **잘 풀리는 회사는 조용**하다. 아무런 문제가 일어나지 않기 때문이다.

하나

으아아앙. 어떻게 해요, 글루 다 버려야 돼요…

일단 이렇게 징징거리는 사람이 회사에 있다면 큰 문제가 생긴 것이다. 에디는 깊은 한숨을 내쉬었다.

에디

무슨 일인데요?

하나

여름휴가를 다녀왔거든요. 그런데 그 전날에 제가 잠결에 글루를 주문해놓고 잤나 봐요. 휴가 다녀왔더니 택배 상자가 가게 앞에… 폭염에 햇빛 받으면서 글루가 계속 놓여 있었어요. 나의 불쌍한 글루..

청승을 떨고 있는 하나를 보며, 에디는 피식, 웃음이 나왔다.

에디

더우면 이온화가 빨리 진행된다고 한 것 때문이죠?

하나

맞아요, 이미 다 상했을 거 아니에요…

에디

일단 버리지 말고 가져와 봐요. 점도를 체크해보고 100~120cPs 정도면 괜찮아요.

하나

여름에는 점도가 떨어진다고 했잖아요?

에디

그건 일반적인 경우고, 변질된 접착제는 오히려 점도가 올라가요. 더 꾸덕해지죠. 어느 정도 이온 중합 반응, 그러니까 어느 정도는 콧물 혹은 코딱지화가 진행되었단 말이에요

하나

또 코딱지…

에디

그래서 더 끈적해지지 않았다면 사용해도 괜찮아요. 물론 1년짜리 유통기한이 몇 달로 줄어들긴 했겠지만요.

하나

열 개나 사서 몇 달 안에 다 못쓸 수도 있는데…

에디

그러면 지금부터는 냉장고에 넣어두세요.

하나

뜨거우니까 식혀서 써야 되는 거예요?

에디는 푸핫, 하고 웃음을 터뜨렸다.

에디

재미있는 생각이지만, 이미 진행된 이온화는 되돌릴 수는 없어요. 하지만 이온화가 더 일어나지 않게 멈출 수는 있죠.

하나

어떻게요?

에디

이온의 이동은, 추우면 더 느려진다고 했었죠?

하나

네네.

에디

몇 도 정도에서 이온의 이동이 거의 이동이 멈출까요?

하나

음, 모르겠어요. 0℃? 얼면 멈추려나?

에디

영상 5℃ 정도에서 이온의 이동이 멈춰요. 냉장실, 그것도 야채 칸 정도가 가장 적당한 온도예요.

하나

그… '야채를 넣어놓고 상하게 만든 다음에 버리는 칸' 말씀이시죠?

에디는 다시 한 번 웃음을 터뜨렸다.

에디

네. 거기요. 거기에 넣어두면 글루를 1년 이상 보관해도 다시 쓸 수 있어요. 하지만 사용하기 전에 미리 꺼내놓고 **천천히** 온도를 올려줘야 해요.

글루 보관법

하나

차가우면 이온의 이동이 느려지니까요. 그런데 왜 ‘천천히’
온도를 올려줘야 해요?

에디

급하게 온도를 올리면 결로현상 때문에 미세한 수증기가 물
이 되어서 접착제 병 안에 생기게 되기 때문이죠.

하나가 급하게 다시 가게로 뛰어가려다가, 멈칫하며 다시 에디
에게 물었다.

하나

그런데, 습도를 차단하려고 글루 파우치에 실리카겔 2개씩
넣었는데 그럼 좀 낫겠죠?

에디

지금은 한 개 넣으나, 두 개 넣으나 똑같아요.

하나

왜요?! 그럼 습기를 더 많이 흡수할 수 있는 거 아니에요?

에디

맞아요, 습기가 엄청 많다면 그렇겠죠.

하나

그런데 왜 하나 넣으나, 두개 넣으나 똑같아요?

에디

파우치 안에 습기가 한정되어 있으니까요. **건조된 실리카 겔은 중량의 30~40%의 습기를 흡수해요**. 파우치 안에 보관된 1g이나 2g의 실리카겔은 이미 파우치 안에 있는 수분을 흡수하기에 충분한 양이에요. 그럼 문제를 하나 내볼까요?

하나

문제… 싫은데…

에디

사막에서 실리카겔은 어떻게 될까요?

하나

마르겠죠?

에디

맞아요. 그럼 글루 파우치 안이 건조하면요?

하나

습도를 유지하거나 **오히려 수분을 뺏기겠네요!** 그럼 오히려 파우치 안에 습기를 뱉어낼 수도 있겠네요?

에디

정확해요. 그래서 도시락 김이나 큰 김이나 실리카겔이 한 개씩 들어있는 거죠. 물론 습윤한 환경에서는 두 개씩 넣어주면 더 좋습니다. 공간이 크거나 더 습도가 많으면 물먹는 하마 같은 게 필요하죠.

하나

물먹는 하마! 그거 사본 사람은 올해 건강검진 받아야 된데요.

에디

안 그래도 올해 건강검진 대상자…입니다.

에디가 침울해진 표정으로 말하자, 하나가 말을 돌렸다.

하나

그런데, 속눈썹 업체들이 접착제 사용할 때 40~60% 습도에 20~25℃ 유지하라고 하잖아요. 이게 맞아요?

에디

반은 맞아요.

하나

반은 맞는다는 게 어떤 의미일까요?

에디

접착제를 테스트 할 때, 0.5초 타겟이다, 1초 타겟이다, 3초 타겟이다 뭐 이런 걸 정하는 기준이 그 정도 온습도라는 의미예요.

하나

그럼 그 환경에서 작업하는 게 제일 정확할 거 아니에요.

에디

접착제 제조사의 기준을 따른다면 그렇죠. 하지만 늘 일정한 환경을 유지하는 게 제일 좋아요. 만약에 하나 씨가 가습기는 있는데 제습기는 없다고 가정해 볼게요. 어떻게 늘 일정한 환경을 유지하죠?

하나

음, 제습기를 사요.

에디

으음, 그럴 돈도 없다고 가정한다면?

하나

습한 날에는 가습기를 안 켜고, 건조한 날에는 가습기를 켜겠죠?

에디

맞아요. 그런데 습한 날에 가습기를 켜서 습도가 너무 높아지면, 오히려 평소보다 접착이 더 빨라지겠죠?

하나

빠르면 좋은 거 아니에요? 아! 충격 경화! 표면만 경화되면 오히려 접착이 안 될 수가 있으니까! 빠르다고 무조건 좋은 게 아니네요!

에디

맞아요. 오히려 글루 경화가 너무 빠르면 굳어버린 접착제를 가지고 접착을 하려고 할 수 있어요. 반대로 평소보다 온습도가 떨어져버리면 접착이 너무 늦게 되지요. 그래서 내 업장이 이상적인 접착제 사용 환경이 되지 않는다면, 차라리 일정하게 유지해서 **내 손을 그 접착제 타이밍과 맞추는 게 가장 좋아요.**

하나

요약하면, 글루는 겨울 같은 환경에 보관하고, 사용은 봄,

가을 같은 환경에서 사용하라는 거군요!

에디

아주 정확해요. 이제 꽤 이해가 빨라졌는데요?

하나는 허리를 꾸벅 숙여 인사를 하고는, 급하게 가게로 달려갔다. 에디는 하나의 뒤통수에 대고 소리쳤다.

에디

아! 혹시나 해서 하는 얘긴데 글루를 냉동실에 넣으면 안돼요! PMMA가 들어있는 글루는 영하 40℃에서도 안 얼지만, MMA 프리 글루는 점도 조절제가 얼었다가 녹으면 점도가 바뀔 수 있거든요!

들었을지는 모르겠지만.

에디의 Tip

접착제 사용과는 다르게, 보관은 냉장고 야채칸 정도의
온도가 적당해요. 실리카겔과 함께 들어있는 파우치에
보관하면 보관기간을 크게 늘릴 수 있어요.

하나의 Tip

하지만 접착제를 사용할 때는 늘 일정한 환경에서 사용
해주는 게 가장 변수가 적기 때문에 환경을 늘 일정하
게 유지해주는 게 좋아요. 접착제를 사용하기 전에 미
리 실온과 비슷한 온도로 만들어주는 게 좋아요. 차가
운 접착제는 반응 속도가 훨씬 느려요.

글루 보관법

광경화 접착제 / LED 글루

에디

이건 뭐예요?

에디가 회의 테이블 한 쪽에 놓인 과자를 보며 물었다.

하나

아, 휴가 때 일본에서 사온 과자예요.

과자에는 '하얀 숲의 추억시로이 모리노 메모리'이라고 적혀 있었고, 에디는 '모리'와 '메모리'로 라임을 잘 맞췄다는 생각을 하며 커피 잔을 집어 들었다.

하나

이 과자 맛있더라고요. 마치 되게 고급진… 쿠크다스 맛? 그런데 또 가격은 쿠크다스 열 배쯤 돼요.

에디

원래 모든 물건이 그렇지만, 몇 배 비싼 고기나 과자도 드라마틱하게 큰 차이가 나지는 않죠.

하나

맞아요, 큰 차이 안 나죠. 그런데 사장님. 그럼 LED 접착제도 성능이 막 되게 드라마틱하고 그렇진 않아요? 제일 궁금한 건, 안전해요?

자연스럽지 않은 대화 흐름에, 애초에 이걸 물어보려고 빌드업을 했다는 사실을 알 수 있었다.

에디

음, 광경화 접착제는 안전하게 사용하면 안전해요. 효과는 드라마틱하죠.

글루 공부

하나

왜 매번 말씀을 애매하게 하시는지…

에디

쉽게 설명하면, 접착제에서 발생하는 '**증기라는 리스크를 없앤 대신에 빛이라는 새로운 리스크를 추가한**' 거라고 할 수 있겠어요.

하나

맞아요. 사람들이 갑론을박하는 걸 봤어요. UV-A가 어쩌고저쩌고 하던데…

에디

맞아요. LED 글루에 사용하는 파장은 390~410 nm나노미터 파장으로 UV-A에 해당하죠.

하나

그런데 UV-A가 뭐예요?

에디는 어떻게 하면 쉽게 설명할 수 있을지 고민을 하다가, 구글에 검색을 해보라고 하고 싶은 마음을 참고 그림을 그렸다.

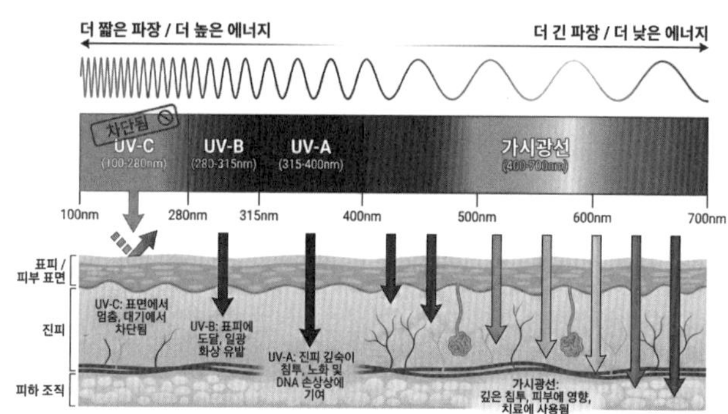

하나

틀린 글씨가 있는데요?

에디

그건 인공지능_{NanoBanana}이…

글루 공부

에디는 급하게 말을 돌리며 설명을 이어갔다.

에디

이 그림에서 보면, 우리는 딱 중간에 있는 400nm 대의 파장을 사용한다는 것을 볼 수 있죠.

하나

그런데 UV-B가 더 에너지가 많다면서 왜 UV-A가 더 깊숙이 파고들어요? 진피층까지 못 들어가는 것 같은데 그럼 더 안전한 거 아니에요?

에디

와! 꽤 많이 똑똑해졌네요? 원래는 빡ㄷ…

하나

빡대가리?

에디

흠흠. 아무것도 아니에요. 아주 예리한 지적이에요. UV-B

는 더 에너지량이 높다보니, 피부의 단백질과 멜라닌 색소가 대부분의 UV-B를 흡수해버려요.

이 얘기는 '멜라닌 잘한다!' 이런 뜻이 아니고, '표피에 더 위험하다'는 의미에요. 화상을 입을 수도 있고, 피부암의 원인이 될 수도 있습니다.

하나
그런데 저 파장이 전부 태양빛에서도 나오는 파장이잖아요? 그런데 왜 위험해요?

에디
아주 좋은 질문이에요. 빛의 세기는 거리의 제곱의 반비례하거든요?

하나
하지 마! 그만하라고오!

에디
궤도라는 유튜버가 하면 좋아하던데…

에디가 조금 실망한 표정을 짓자, 하나는 어쩔 수 없이 들어주겠다는 듯 말했다.

하나

그러면 쉽고 짧게 얘기해 봐요.

에디

좋아요. **거리가 절반으로 가까워지면, 빛은 얼마나 세질까요?**

하나

절반으로 가까워졌으니까 2배죠!

에디

아니에요, **4배에요. '거리의 제곱에 반비례'** 하니까요.

하나

계속 한국어로 얘기해주세요, 제발…

에디는 자세한 설명을 포기할 수밖에 없었다.

에디

고로 LED 램프를 15~20cm 거리에서 비추는 것은, 태양
광이 지구에 도착하는 것과는 비교가 안 될 정도로 강력한 거
예요. 엄청 위험할 수 있는 거죠. 단순히 파장이 같다고 해서
위험성까지 같은 건 아니거든요.

하나

그러면, 휴대폰에서 나오는 불빛은 어때요? 블루 라이트라
고 하면 UV에 가까운 파장인 거죠?

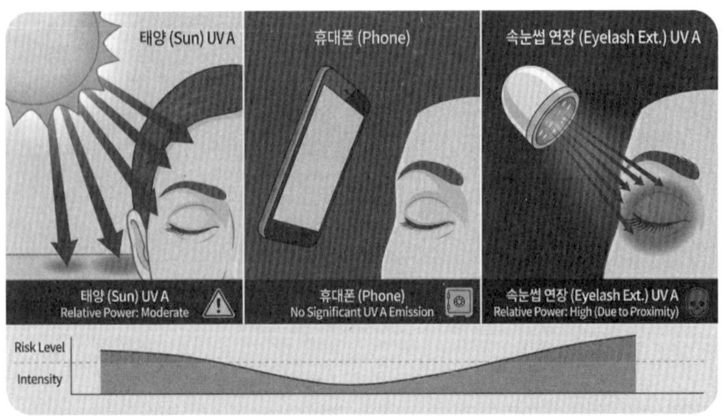

글루 공부

에디

아주 정확해요. 휴대폰의 액정도 400nm 파장부터 나오거든요. 하지만 위험성은 비교할 수가 없어요. 휴대폰이 훨씬 안전하죠.

하나

왜요?! 아까 거리의 제곱이 어쩌고 하셨잖아요. 휴대폰도 가까이서 보는데?

에디

일단 주로 쓰는 파장이 달라요. 휴대폰은 일단 자외선이 일절 안 나와요. 나올 이유가 전혀 없겠죠? **UV는 대부분의 사람은 못 보니까**. 그리고 주로 450nm~480nm으로 안전한 파장대를 사용해요. 휴대폰은 LED 램프랑 확연히 다르죠.

하나

UV를 대부분의 사람은 못 본다는 건… 자외선을 볼 수 있는 사람이 있어요?

에디

네, 있어요. 사실 사람이 자외선을 볼 수 없는 건 그냥 눈에 안 보이는 광선이라서가 아니에요. 그 대부분을 각막과 수정체가 먼저 흡수하기 때문이에요. 아까 설명했지만, **파장이 짧고 강한 에너지를 가진 광선은 피부 바깥의 큐티클이나 각막, 수정체가 흡수**하는 경향이 있어요.

하나

와… 지식 +1!

에디

그래서 사람마다 정도의 차이가 있지만, 각막이나 수정체가 UV를 흡수하지 않거나 눈에 문제가 있는 사람들은 자외선을 볼 수가 있어요.

하나

UV는 안 보이는 게 좋은 거네요.

에디

아무래도 그렇죠.

하나

그럼 가시광선은 눈에 안전해요? **400nm 딱 넘어가는 순간 안전**! 이렇게 될 것 같진 않단 말이죠.

에디

아주 좋은 질문이에요. 맞아요, 무조건 가시광선이라고 안전하지 않아요. 블루 라이트 파장대는 'HEV High Energy Visible light'라고 해서 '고에너지 가시광선'으로 분류하거든요. 파장이 짧은 가시광선은 에너지량은 큰 차이가 안나요. 하지만 몸에서는 상당히 다르게 받아들여요. 400nm 이하의 UV는 DNA를 손상할 수 있지만, 400nm 이상의 파장은 DNA 손상을 일으키지는 않거든요.

하나

그럼 블루라이트 차단 안경을 쓰면요?

에디

아주 좋은 지적이에요. 블루라이트를 안경이 대신 흡수하니까 훨씬 안전해져요.

하나

빛을 흡수하는 건지 반사하는 건지도 꽤 중요하네요.

에디

선글라스도 빛을 흡수해서 눈에 못 닿게 하잖아요. 같은 원리에요.

하나

그런데 시술하는 사람은 블루라이트 차단 안경을 쓰면 된다고 하지만 시술 받는 사람은 어떻게 해야 UV로부터 눈을 보호할 수가 있는 건데요? 블루라이트 차단 안경을 쓰고 시술을 받을 수는 없잖아요.

에디

눈뿐만 아니라 피부까지 보호해야겠죠? 그래서 등장하는 게 아이패치입니다. 콜라겐 아이패치 같은 거요.

하나

그게 도움이 돼요? 하얀색 말고 검은 색도 있던데요?

에디

네. 크게 도움이 돼요. 아이패치에 쓰이는 하얀색 색소가 뭔지 혹시 알아요?

하나

그냥 부직포가 하얀색인 거 아니에요?

에디

그 부직포를 하얗게 만들기 위해서 사용하는 색소 이야기예요.

하나는 휴대폰을 들고 검색을 시작했다.

에디

오늘 공부 많이 된다. 스트레스 많이 받을 거야. 그런 스트레스도 필요해.

하나

찾았어요! **티타늄디옥사이드**! 이거 티타늄이랑 어떤 상관이 있어요?

에디

네, 맞아요. 그 하얀색 색소는 '이산화 티타늄'이에요. 아주 하얀색을 내죠. 예전에 밥 로스라는 화가분이 쓰던 '티타늄 화이트'라는 색상이 이 색상이에요.

하나

건강검진…

에디

네, 예시로 들기엔 꽤 옛날 사람이죠. 이젠 긁히지도 않네요.

하나

그 티타늄이 하얀색인거랑 무슨 상관이에요?

에디

티타늄 디옥사이드는 **무기자차**의 원료에요.

하나

구기자차는 아는데.

에디

놀랍지도 않네요. 무기자차는 '무기물 자외선 차단제'의 줄임말이에요. 쉽게 말하자면 자외선을 튕겨내는 거울이죠. 하얀색 선크림의 주원료예요. 하얀색 아이패치는 이 무기자차

선크림의 역할을 해요. 빛을 반사시키죠. 극미량의 빛은 투과하지만, 아이패치의 콜라겐이 열과 빛을 산란시키기 때문에 훨씬 안전해져요.

하나

오. 무기물. 그러면 유기자차도 있어요?

에디

날카로운 지적이네요. 맞아요, 유기자차도 있어요.

하나

이게 왜 진짜로 있죠?

에디

무기자차가 거울이라면, 유기자차는 스펀지에요. 빛을 흡수해서 열에너지로 바꿔주죠. 검은색 아이패치가 이 역할을 해요.

하나

그럼 아이패치로 눈을 가리면 UV가 전혀 투과를 못하겠네요?

에디

하얀색 아이패치는 실험 결과 약간의 UV는 투과하는 것으로 나오지만, 인체에 무해할 정도로 경감돼요. 햇빛보다도 약해집니다.

하나

그렇구나. 그럼 이제 다른 질문이에요. 일반 접착제와 광경화 접착제는 뭐가 달라요?

에디

광경화 접착제에는 공통적으로 '광개시제'라는 성분이 들어가요.

하나

개시하다 할 때의 그 개시에요?

에디

네, 맞아요. Photo Initiator, 빛을 받으면 **래디컬 반응**을
시작하는 물질이에요.

하나

래디컬? Radical Left? 급진 좌파?

에디

아니 그런 말은 왜 또 아는 거예요? 그 Radical이 맞기는
해요. 급진적이라는 뜻이고, 안정된 물질이다가 빛을 받으면
순식간에 반응이 일어나죠.

하나

그럼 시아노아크릴레이트가 굳는 건 래디컬 반응이 아니
에요?

에디

네. 시아노아크릴레이트는 '음이온 중합 반응'이에요. 음이
온. 쉽게 말하면, 수분이 닿으면 표면부터 천천히 경화돼요.
궁금하지 않을 수 있겠지만, 시아노 아크릴레이트에는 이

온(전자)을 아주 좋아하는 전자 흡인성 분자 구조가 있어요. (-CN, -COOR) 수분 안에 들어 있는 OH-이온이 시아노아크릴레이트에 달라붙으면서 천천히 굳어지는데, 안까지 이온이 들어가는 데 시간이 오래 걸리죠.

하나

아니 유튜브가 내 우리 얘기를 듣고 있는 건지 지난번에 에디 님하고 얘기하고 나서 유튜브에서 봤는데, **베이킹 소다**를 사용하면 속까지 단번에 굳는다던데요? 그럼 이렇게 하면 래디컬 반응이에요?

에디

그럼에도 불구하고, 그건 **알칼리 이온 때문에 엄청나게 가속화된 음이온 중합반응**이에요. 사실 물은 OH-이온을 가지고 있지만 중성이잖아요? 그런데 접착제는 알칼리에 훨씬 빨리 반응해요. 알칼리에 들어있는 이온이 수분이 하는 일을 100배 정도 빠르게 해낸다고 보시면 돼요.

하나

아크릴레이트는 아크릴'산'_{Acrylic Acid}이니까 알칼리가 닿으면 빨리 굳는다? 그럼 **산성 이온이 들어가면 천천히 굳어요?**

에디

정확해요. 이제 잘 아네요! 그래서 속눈썹 펌을 하고 마지막에 중화제를 바르면, 산성인 중화제 때문에 연장이 느려져요.

하나

그런 거구나. 그럼 LED 글루도 아크릴산이에요? 아크릴산 + 광개시제?

에디

아뇨. 그건 제조사마다 달라요. 광개시제는 다들 포함이 되어 있지만, 어떤 아크릴을 사용했는지는 각자 차이가 있어요.

자세한 건 제조사에 문의하시면 됩니다. 시아노아크릴레이트가 들어갔는지 아닌지에 따라서 '인시아노'와 '논시아노'로 나눠요.

하나

저도 그 얘기는 봤어요! 뭔지는 모르지만…

에디

말 그대로 시아노아크릴레이트가 들어 있으면 인$_{In}$, 없으면 논$_{Non}$이에요.

하나

뭐가 더 좋아요?

에디

선택의 차이에요. **논시아노는 안정되어 있어서 유통기한이 길고 유지력이 좋은 대신에 자체적으로 접착력이 없어서 점도가 매우 높아요.** 전에 시아노아크릴레이트의 점도를 올리브유보다 조금 더 꾸덕하게 만들어둔다고 했죠? **논시아노는 1,000~2,000cPs** 정도의 점도로 만들어요.

하나

으음, 전에도 그랬지만 감이 안와요.

에디

퐁퐁, 아니. 주방세제랑 비슷한 점도에요. 젊은 사람이랑 얘기할 때는 늘 어렵네요.

하나

그럼 논시아노 글루는 접착제보다는 약간 젤 타입에 가깝네요.

에디

맞아요. 그 정도 점도가 되어야 자체적으로 접착력은 아니더라도 **점착력**을 가질 수가 있기 때문이에요.

하나

접착이 아니고 점착이요? 둘이 어떤 차이가 있어요?

에디

밥풀로 뭔가를 붙이면, 점착이 된 상태에요. 밥풀이 굳어서 완전히 붙으면 그게 접착이고요. 점착은 떼었다 붙였다 할 수 있고, 접착은 떼고 나면 원래대로 못 돌리고요.

하나

아하! 띠부띠부씰은 '점착 스티커'겠네요. 성능도 비슷해요?

에디

맞아요. 일반 글루와 인시아노 글루는 시아노아크릴레이트라는 공통점은 있지만, 인시아노 글루가 일반 글루에 비해서 유지력이 더 길고 논시아노 글루가 사용량도 더 많고 연장 이후에 유지력은 더 길어요.

하나

아하! 그러면 이렇게 되겠네요?

이름	점도	초기 접착방식	유지력
인시아노(시아노 있음)	100~150	접착	김
논시아노(시아노 없음)	1000~2000	접착	매우 김

에디

맞아요. 잘 이해했네요!

하나

그런데 왜 LED 접착제가 더 유지력이 길어요?

에디

전에 슈퍼 본더를 사용하면 선형 고분자가 아니라 가교형 고분자를 만든다고 했던 거 기억나요?

하나

네. 기억나요! 그래서 6kg 정도의 힘에서 9kg 정도로 늘어난다고 했어요!

에디

맞아요. 인장강도tensile strength가 그렇게 늘어나죠. 그림으로 그리면 이렇게 됩니다.

하나

가교형 고분자가 훨씬 튼튼하겠네요!

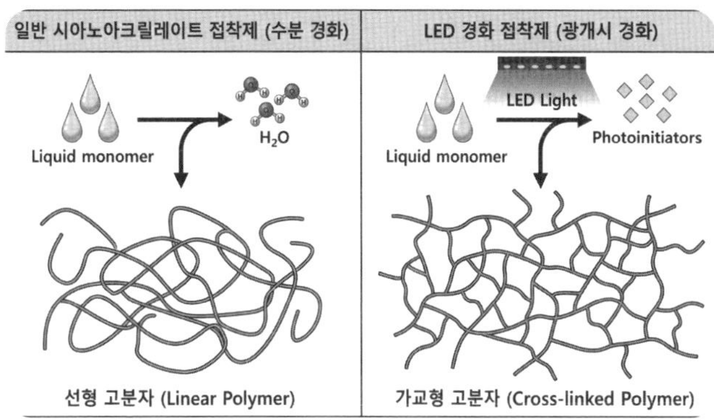

에디

맞아요. 훨씬 복잡하고 튼튼한 결합을 만들어요. 바로 굳어 버리니까 증기 발생도 거의 없고, 그래서 눈의 자극도 적고, 유지력도 길어요.

하나

물리적으로도 더 강해요?

에디

맞아요. **가교형 구조는 힘을 분산시키는 것도 잘해서**, 정말

광경화 접착제 / LED 글루

로 가교_{다리, bridge}처럼 힘을 분산시켜요. 그래서 튼튼하면서도 잘 깨지지 않는 구조에요.

궁금하지 않을 수도 있지만, 단분자에서 바로 고분자가 되는 것보다, 올리고머_{저중합체}에서 반응이 일어나면 충격에는 더 강한 상태가 된답니다. 이건 고분자화 할 때 단분자에서 고분자가 되면 부피가 많이 줄어들고 단단해지는데, 올리고머가 고분자가 될 때는 부피가 덜 줄어들고 탄성을 가지게 되기 때문이에요.

하나

LED 글루가 염분이나 유분에도 더 강해요?

에디

네. 글루는 물에도 가수분해 되는 약한 성분이라 세안도 조심해야 하지만, LED 글루는 물을 싫어하는 성질_{소수성}이 강한 성분으로 이루어져 있고, 구조도 훨씬 강해서 메이크업이나 클렌저, 물에도 훨씬 강해요.

하나

그럼 LED 글루는 잘 사용하면 엄청나게 좋겠네요?

에디

어디까지나 안전을 확보한 뒤의 이야기이지만요. 좀 더 데이터가 쌓일 때까지 여전히 갑론을박이 있을 걸로 생각이 됩니다.

하나

오늘도 공부를 너무 많이 했어요. 머리가 아파오네요…

에디

충분히 이해해요. 저도 하루아침에 배운 게 아니니까요.

하나

그래도 도움이 많이 될 것 같아요! 감사해요!

에디

별 말씀을요! 그럼 오늘은 여기까지 하고 다과를 할까요?

광경화 접착제 / LED 글루

하나가 가져온 하얀 숲의 추억과 따뜻한 커피는 좋은 조합임이
틀림없었다.

에디의 Tip

최초의 광경화 접착제는 논시아노 접착제였지만, 사용
량을 줄이고 열 발생을 줄이기 위해 자체적으로 접착력
을 가진 인시아노 접착제가 탄생했습니다. 보편적으로
논시아노 접착제가 사용하기 더 어렵고 사용량이 많지
만, 보존도 쉽고 유지력도 더 긴 편입니다.

하나의 Tip

하지만 기존에 이미 글루를 사용하는 원장님들에게는
인시아노 접착제가 적용하기가 훨씬 간편합니다. 유지
력도 모주기 만큼은 나오기 때문에 의견이 분분한 편입
니다.

글루 공부

글루 리무버?

하나

뿌에에엥!!!

에디

…또 무슨 일이에요.

하나

시술하다가 손님 머리카락에 글루를 쏟았어요..

에디

저런… 큰일이죠. 그래서 어떻게 하셨어요?

글루 공부

하나

손님이 가위로 잘라달라고 하셔서…

에디

괜찮았나요?

하나

손님이 쿨하게 넘어가주셔서 다행이었는데 정말 아찔했어요. 커트 비용 드린다고 했는데 괜찮다고 한사코 거절하셔서 시술을 무료로 해드렸어요.

에디

그러게요. 엄청 당황했겠어요. 리무버로 떼어볼 생각은 안 했어요?

하나

처음에는 그랬었죠. 그런데 리무버를 사용한 뒤에 물티슈로 닦았더니 다시 굳었어요. 그것도 하얗게…

에디

그랬군요. 맞아요. 리무버는 글루를 없애는 성분이 아니고 녹이는 성분이니까요. 하지만 다음에는 당황하지 마시고 머리카락에 식물성 기름을 잔뜩 바르고 20~30분 있다가 떼어내 보세요.

하나

진작 알려주시지 그러셨어요… 그럼 옷에 묻었을 때도 기름으로 떼어내나요?

에디

아뇨. 아세톤을 써도 되는 옷이라면 아세톤으로 녹여내야 하는데, 사실 이게 쉽지가 않아요. 에틸알코올을 따뜻하게 해서 쓰기도 하고요. 소중한 옷이라면 버리기 전에 한번 시도해볼 수는 있겠죠.

하나

그럼 갑자기 궁금해지는데, 글루 리무버는 아세톤이에요?

글루 공부

에디

그러기에는 퓨어 아세톤은 너무 강력한 물질이에요. **PBT 재질의 가속눈썹 자체도 녹여버릴 수도 있고, 눈에 닿으면 화상을 입을 수도 있죠**. 피부에도 안 좋고요.

하나

그럼 무슨 성분을 써서 만들어요?

에디

주로 두 가지 성분을 써요. 첫번째는 **감마부티롤락톤**Gamma-butyrolactone이에요. 우리 처음 만났을 때 얘기한 것처럼 부티로-라는 건 4 탄소 사슬을 가지고 있다는 뜻이죠.

하나

락톤은요?

에디

에스테르라는 의미에요. 접착제를 녹일 수 있는 성분이죠. 메이크업 리무버 이야기할 때 에스테르를 언급했었는데 기억나요? **에스테르는 글루를 녹인다**고 생각해주시면 됩니다.

하나

이렇게 다 연결이 되네요! 그런데 감마는 왜 붙어요?

에디

아마 설명하면 **안 궁금할 텐데**⋯ 가장 중요한 원소로부터의 탄소의 위치를 나타내요. 카르복실기$_{/C=O}$ 바로 옆에 있는 탄소는 알파, 그 다음은 베타, 그 다음이 감마 델타⋯ 이런 흐름이죠.

글루 공부

하나

아~ 완벽히 이해했어!

에디

흐음…

에디는 하나의 노트를 빼앗아 들고 한 구석에 그림을 그리기 시작했다.

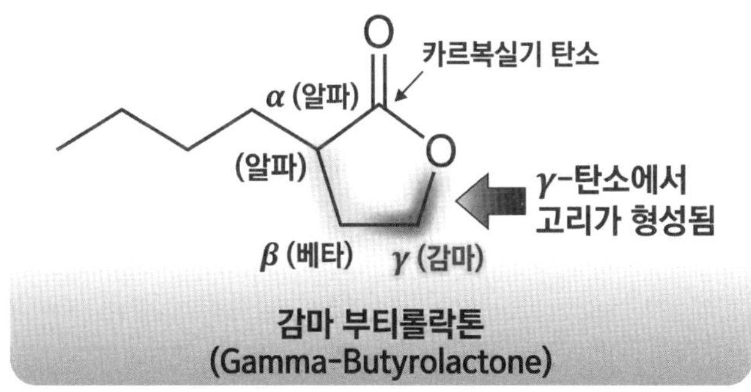

에디

이렇게 된다고요!

하나

아아~ 완벽하게 이해했어!

에디

쳇, 이쯤 하고 넘어갈까요? 두 번째 성분은 프로필렌 카보네이트_{Propylene Carbonate}에요.

하나

그거 알아요! 여행용 캐리어 만드는 재질!

에디

그건 폴리카보네이트에요.

하나

까비. 거의 맞췄는데.

에디

이번 건 조금 비슷했어요. 탄산 프로필렌'이라고도 하는데, 산소, 탄소, 산소, 결합을 가진 **'탄산 에스테르'** 구조를 가지고 있어요. 프로필렌은 탄소 3개로 이루어진 구조를 의미하죠.

하나

무슨 뜻인지 한 개도 모르겠어요.

에디

이번에도 탄산 에스테르에요.

하나

그것만 알겠어요. **에스테르 = 글루 녹임!**

에디

그것만 해도 어디에요. 이제부터 화장품 라벨 같은 것도 잘 읽게 되겠죠?

하나

읽어야 돼요?

잠시 침묵이 흘렀다. 화장품 라벨을 꼼꼼히 읽으면 좋긴 하지만, 필수까지는 아니니까.

에디

하다못해 클렌징 오일이나 클렌징 워터의 성분표 정도는 알아두시는 편이 좋아요. 그렇지 않으면 속눈썹 연장할 때 글루가 미끄러지는 느낌을 받을 수가 있거든요.

하나

맞아요! 처음에는 엄청 당황했었어요!

에디

그게 유분 위에 글루가 붙어서 그럴 때가 많아요. 물론 환경이 너무 건조할 때도 마찬가지지만요.

하나

맞아요! 그런데 이건 뭐예요? 그럼 이 제품은 폴리카보네이

글루 공부

트인건가?

　하나는 에디의 사무실에 있는 리무버 한 개를 집어 들었다. 그 리무버에는 "GBL Free" 라고 적혀 있었다.

에디

프로필렌 카보네이트. 줄여서 PC에요.

하나

폴리카보네이트도 줄이면 PC인데…

에디

그러네요? 아무튼, **전 세계적으로 규제하고 있는 GBL**을 사용하지 않았다는 의미에요. 프로필렌 카보네이트가 맞고요.

하나

GBL은 왜 규제해요?

에디

그건… 혹시 GHB라는 게 뭔지 알아요? 사실 모르는 게 낫지만요.

하나

모르겠습니다!

에디

궁금하지 않으실 수도 있지만, 감마 하이드록시낙산Gamma-Hydroxybutyrate이라는 성분이에요. 세 번째 자리에 하이드록시가 붙어있는 탄소 4개짜리 산성 물질이죠.

하나

어, 너무 어려운데… GBL하고 GHB가 어떤 연관이 있나요?

에디

둘은 다른 성분인데, **GBL을 마시면 몸 안에서 락토네이즈 효소가 가수분해하면서 GHB라는 성분이 되거든요.**

하나

아니!!! GHB가 대체 뭔데요!

에디

아. 결론적으로 얘기하면, **GHB는 마약**이에요.

하나

네?

에디

마약이요. 단기 기억상실을 유발하고, 몸을 못 움직이게 되지요. 특히 술하고 같이 섭취하게 되면 몇 배로 증폭되기 때문에 나쁜 사람들이 많이 사용했어요. 흔히 뉴스에 등장하는 물뽕이라는 약물이 이 성분이에요.

하나

아! 영화 킹스맨에서 본 것 같아요! 술 마시고 나서 기찻길에서 묶여서~~

에디

궁금하진 않겠지만, 그건 로히프놀이에요. 곱추 아저씨가 말하죠. '로히프놀~' 이라고. 결과적으로는 비슷하지만 로히프놀은 플루니트라제팜이라는 벤조다이아제핀계열의 약물로…

하나

아니, 그렇게까지 궁금하진 않았거든요? 어쨌든, 그러면 GBL 리무버는 금지해야 하는 게 아니에요? 먹으면 막 기절하듯이 자고, 깨어 있어도 단기 기억상실이 있어서… 완전 심신상실 상태잖아요.

에디

세계적으로는 점점 금지하는 추세에요. 우리나라에서는 PC보다 **GBL이 성능이 더 좋기** 때문에 정부의 관리 하에 사용되고 있는 거예요. **저희도 리무버를 만들 때, 이 원료를 어떤 제품을 얼마나 만들어서 어디에 납품했는지 보고해야 해요.**

하나

그렇군요! 그런데 리무버를 삼켜도 똑같은 반응이 있을까요?

에디

훨씬 더 위험해요. 먹으면 안 되는 성분들이 섞여 있어서 몇 배의 간독성을 일으킬 수 있거든요. 이 이야기는 리무버가 왜 규제되는지 설명 드리고자 함이고, **절대 먹어서는 안 됩니다.**

궁금하지 않으실 수도 있지만, 우리나라에서 샴푸 통에 이 GBL을 담아 호주로 수출한 범죄자들이 있었어요. 때문에 호주 정부에서는 우리나라를 강력하게 규탄했죠. 덕분에 속눈썹 업체들이 마약사범에 준하는 조사를 받은 적이 있어요. 다행히 다들 무혐의 처리였지만요.

하나

헉! 엄청 큰일이었겠네요? 아, 이건 다른 이야기인데요, 왜 GBL이 PC보다 성능이 좋아요? 둘 다 똑 같은 에스테르 계열인데?

에디

좋은 질문이에요. **GBL이 쥐떼라면, PC는 카피바라**이기 때문이에요.

하나

네? 쥐떼와 카피바라? 하아, 전혀 이해를 못했어요.

에디

GBL은 분자가 작아서 어디에든 잘 스며들어요. 그리고 공격적이죠. 그런데 프로필렌 카보네이트는 분자가 크고 온순한 편이에요. 그래서 접착제가 떨어지는 데 시간이 오래 걸려요. 둘 다 눈에 들어가면 따갑긴 하지만, PC가 그래도 조금 더 자극이 낮아요.

하나

아하! 그렇군요! 카피바라라고 생각하니까 조금 느려도 괜찮을 것 같기도?

에디

그래서 GBL 프리 리무버를 사용할 때는 좀 더 오랜 시간동안 접착제를 '불려놓는' 과정이 필요해요. 카피바라들이 관심을 보일 정도로요.

〈공격적인 쥐떼(GBL)와 온순한 카피바라(PC)〉

하나

그런데 LED 글루는 화학적으로도 더 강하다고 하셨잖아요? 그러면 LED 글루는 제거가 더 어렵나요?

에디

맞아요. LED 글루 중에 특히 논시아노-시아노아크릴레이트가 없는-글루 같은 경우는 제거가 굉장히 어려워요. 지금은 그래도 모노머_{단량체}에 올리고머_{저중합체}가 많이 섞여 있어서 일반 리무버로도 제거가 되는데, 초창기에는 핀셋으로 깨서 떼어냈어요.

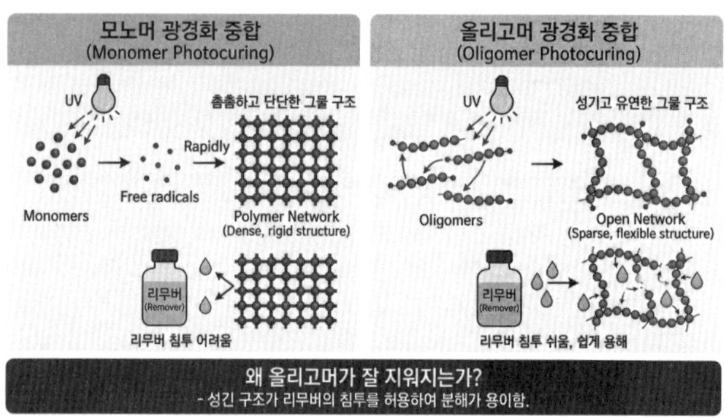

하나

헉! 속눈썹 안 뽑히나요?

에디

시행착오가 많았죠. 뽑히는 경우도 있고, 큐티클이 손상될 수도 있어서 추천할만한 방법은 아니에요.

하나

더 강한 리무버를 쓰면 안 되나요?

에디

잘 경화된 논시아노 LED 접착제 같은 경우는 퓨어 아세톤으로도 잘 안 떼어져요. **메틸렌 클로라이드**Methylene Chloride 같은 엄청나게 강력한 물질을 써야 하는데, 이쪽은 **정말로 엄청나게 위험한 물질**이에요.

하나

얼마나… 위험한데요?

에디

음, 일단 페인트가 순식간에… 한 5분 안에 벗겨질 정도로 강력한 물질인데, **몸에 들어가면 일산화탄소**연탄가스 **중독을 일으키고요, 지방을 녹이는 성질이 강해서 눈에 들어가면 실명**

할 수도 있어요.

하나

헉! 이것도 사용 금지 시켜야 하는 거 아니에요?

에디

안 그래도 환경 및 안전 규제 때문에 사용을 점차 안하고 있는 추세에요. 그래서 **속눈썹 글루 리무버는, GBL, PC. 두 가지만 기억하시면 됩니다.** 우리나라에서는 아직 GBL이 들어있는 리무버가 많이 있지만 이런 리무버를 호주에 가지고 나가면 큰일이 날 수 있으니까 참고하세요!

누가 보내달라고 해도 절대 보내주시면 안되고요.

궁금하지 않을지도 모르겠지만, 마찬가지로 감기약 중에 '코푸 시럽' 같은 약을 외국에 가지고 나가도 큰일이 날 수가 있어요. 디하이드로코데인이라는 성분이 들어 있는데 이 성분을 강력하게 규제하거든요. 이 리무버도 잘못 가지고 나갔다가 마약사범으로 조사를 받을 수 있답니다.

하나

네! 명심할게요! 호주에 갈 일이 있을지 모르겠지만요!

하나는 부지런히 메모한 내용 마지막에 쥐와 카피바라 그림을
그려 넣었다.

에디의 Tip

에스테르 계열의 물질이 접착제를 녹일 수 있는 건, 둘 다 극성을 띄고 있는 성분이기 때문입니다. 화학에는 '비슷한 것은 비슷한 것을 녹인다 Like dissolves like.'라는 말이 있습니다. 같은 원리로, 이미 녹은 접착제 위에 또 한 번 글루를 덧바르면 전에 바른 글루도 녹아서 오히려 접착력이 떨어지게 됩니다.

하나의 Tip

리무버도 에스테르 성분이기 때문에 제거하고 나서 마른 솜으로 꼼꼼히 닦아내야 해요. 젖은 솜이나 물티슈로 닦아내게 되면 오히려 다시 백화현상이 생기기 때문에 화장 솜 등으로 흡수시켜서 깨끗하게 제거한 후에 씻어내시는 게 좋습니다.

Back to basic

또 다시 화창한 날이었다. 에디는 노트북을 덮고 외쳤다.

에디

우에에엥!!!

화들짝 놀란 하나가 물었다.

하나

…무슨 일이에요?

에디

아니. 표정을 보니까 이렇게 외칠 것 같은 표정이라서.

에디는 머쓱하게 웃었다. 본인이 생각해도 실없었던 탓이다.

하나

맞아요, 요새 완전 고민이에요..

에디

무슨 일인데요? 얘기해 봐요.

하나

분명히 연장을 예쁘게 잘 해서 손님들을 돌려보냈단 말이에요? 그런데 며칠 안 되어서 다시 손님들이 다 떨어졌다고 찾아왔어요. 그 때부터 계속 리터치 지옥이에요. 글루도 새로 연신선한 글루였고 온습도도 맞추고 프라이머도 슈퍼 본더도 다 썼단 말이에요.

하나는 고개를 푹 떨구고 한숨을 내쉬었다.

에디

혹시 손님 연장해둔 사진 가지고 있는 게 있나요?

Back to basic

하나는 휴대폰을 꺼내 인스타그램을 연 뒤 에디에게 휴대폰을
건넸다.

에디

아하… 예쁘긴 한데, 접착 면적이 좀 짧은데요? 속눈썹 뿌
리가 밀착이 안 되었어요.

하나

그치만 그렇게 붙여야 컬이 예쁘게 올라가는데…

에디

그래도요. 이렇게 접착 면적이 좁으면 오래 붙어있기 어려
워요. 그래서 밀착해서 붙여줘야 해요. 물론 모든 속눈썹이 각
도와 형태, 두께가 다르니까 반드시 이 방법이 통하는 건 아니
에요.

그리고 아직 왼손으로 잡은 핀셋에 정확한 가르기가 안 되
어 있네요?

가모 하나에 천연모가 두개씩 붙어 있는 속눈썹들이 보이
네요.

글루 공부

하나

창피해요… 그럼, 어떻게 해야 좋을까요?

에디

이건 속눈썹 연장 기술을 알려주신 원장님께 가르기와 래핑
wrapping 기술을 어떻게 하는지 문의해보면 좋을 것 같아요.
아쉽게도 저는 머리는 잘 쓰는데 이상하게 손은…

에디는 공중에서 핀셋을 잡은 듯한 손 모양을 흐느적거렸다.

하나

래핑. 네! 꼭 물어볼게요! 저는 손은 잘 쓰는데 왜 머리는…

에디

그래도 많이 늘었어요. 처음 만났을 때는 정말 완전 아무것
도 이해 못해서, 이걸 얘기해줘도 소용이 있나 싶었거든요.

에디는 그 외에도 인스타그램 사진들을 확대해 보여주며 속눈썹
유지력을 떨어뜨릴 수 있는 부분들을 설명해주었다.

Back to basic

하나

으으, 제 인스타에 이런 사진이 올라와 있는 게 너무 창피해요. 일단 시간 내에 붙여서 보내는 데 급급해서…

에디

생각보다 속눈썹 연장 유지력에 영향을 미치는 요소가 상당히 많아요. 만약에 고객이 바닷가로 놀러 가고 싶은데 속눈썹 연장이 하고 싶어질 수도 있고, 이런 경우에는 분명히 다녀오면 떨어지잖아요.

하나

맞아요. 사장님을 만나서 소금기가 왜 속눈썹 연장 유지력에 나쁜 영향을 주는 지 알 수 있었어요. 사우나도 안 좋죠? 사우나 하고 다 떨어졌다고 오시는 분들도 계시고… 너무 힘드네요.

에디

맞아요. 사우나의 스팀은 접착제를 가수분해할 수 있고, 거기다가 열팽창이 일어나면서 접착제가 구조적으로 끊어지거

글루 공부

든요.

하나

아니, 제가 너무 힘들다고요. 에디님 T에요?

에디

하하하, 미안해요. 내가 위로 같은 건 서툴러서… 대신 좋은 소식이 하나 있죠.

하나

뭔데요?

에디

속눈썹 연장은 한국이 종주국이라는 거예요.

하나

일본에선 일본이 먼저 시작했다고 하던데요?

에디

Back to basic

151

보급을 시작한 건 일본이 먼저지만, 기술이 만들어진 건 한국에서 만들어졌어요. 일본이 순간접착제를 더 잘 만들지만, 속눈썹 연장 접착제는 한국에서 수출을 했죠.

하나

우와! 전혀 모르던 사실이에요. 그런데 그게 왜 좋은 소식이에요?

에디

세계에서 속눈썹을 가장 잘 하는 선배들이 한국에 계시니까요. 물론 한국 원장님들은 외국처럼 길고 과한 디자인을 좋아하지 않지만, 그 깔끔하고 균형 잡힌 디자인을 굉장히 좋아해서 한국으로 배우러 오시는 경우가 많이 있어요.

하나

러시안 볼륨 같은 건 러시아에서 더 잘하는 거 아니에요?

에디

그렇지 않아요. 그 물량에 압도되니까 그러는 것뿐이지 한

글루 공부

국 원장님들의 디자인이 전혀 뒤처지지 않아요. 국뽕 같은 건 아닌데(맞음), 쇠젓가락으로 밥을 먹는 나라가 우리나라뿐이 잖아요?

하나

그렇죠.

에디

그래선지 한국 사람들이 손이 참 예민하고 빨라요. 예를 들어 미국에서는 러시안 볼륨 시술이 굉장히 비싸거든요?

하나

얼마나 비싼데요?

에디

한국의 두 세배가 넘어요. 가성비 원장님들의 열 배가 될 때도 있죠.

하나

와! 나 미국에서 속눈썹 할래요! 아, 참. 나 영어 못하지…

에디

일단 잘 붙이는 게 되고 나서 생각을 해보세요. 제 생각에는 속눈썹 연장 잘하는 사람이 영어를 배우는 게, 영어 잘하는 사람이 속눈썹 연장 배우는 것보다 쉬울 것 같으니까요.

하나

말 끊어서 죄송해요. 시술 비용이 굉장히 비싼데요?

에디

시간도 한국에서 속눈썹 연장하는 것보다 두 세배가 넘게 걸릴 때가 많아요.

하나

진짜요?

에디

진짜요.

글루 공부

하나

그럼 손님이 두세 시간 동안 베드에 누워계시는 거예요?

에디

심하면 반나절이죠. 한국에선 절대 그렇게 안하잖아요.

하나

역시 한국인은 '빨리빨리'네요.

에디

맞아요. 그래서 그런 속도와 디자인, 좋은 제품들… 한국
만큼 뷰티를 배우기 좋은 나라는 없는 것 같아요. 그래서 좋은
선배들이 많으니까, 부지런히 배우고 갈고 닦으면 분명 훌륭
한 속눈썹 아티스트가 될 수 있을 거예요.

그리고 제품 관련해서도, 저도 깜짝 놀랄 정도로 훌륭한 인
사이트를 가지고 계신 원장님들도 많이 계시더라고요.

하나

저도 뭔가 좋은 제품을 만들어낼 수 있을까요?

Back to basic

에디

이제 훌륭하게 제품에 대한 화학적인 지식을 갖췄으니까, 충분히 가능하죠.

지식이라는 건, 문제가 생기기 전까지는 대체로 쓸모가 없어요.

그런데 문제가 생겼을 때 이 지식을 알고 있으면, 진짜 문제가 뭔지, 해결책이 뭔지를 알아낼 수 있으니까요. 어쩌면 새로운 해결책을 찾아내서 대단한 제품도 만들 수 있을지도!

하나

그래도… 이제 속눈썹 연장 제품들은 다 완성된 것 같은걸요.

에디

전혀 그렇지 않아요. 혹시 이게 뭔지 알아요?

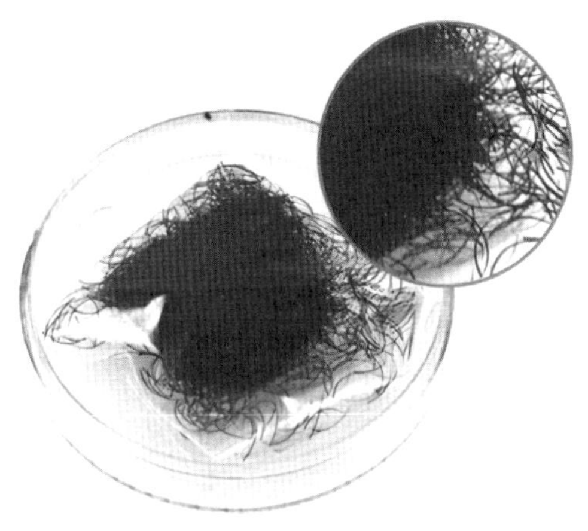

하나

…모르겠어요. 속눈썹인 것 같은데요? 그런데 지금 쓰는 거
랑은 좀 다른데?

에디

옛날에는 이렇게 생긴 속눈썹을 썼었어요. 라떼는…

Back to basic

하나

라떼 얘기 하지 마시고요. 그럼 저걸 뿌리랑 끝을 어떻게 구분해요?

에디

실리콘 판 위에 흩뿌린 뒤에 핀셋으로 하나하나 골라낸 거죠. 재미있죠? 그런데 지금은 아예 트레이에 붙어서 나온 제품이 표준이 되었잖아요.

옛날에는 래쉬 프라이머 같은 것도 없었고, 래쉬 전용 샴푸도, 코팅제도, 슈퍼 본더도, 다 예전엔 없었던 물건들이에요. 오로지 속눈썹, 핀셋, 접착제. 이렇게만 썼었단 말이죠.

하나

그럼 지금은 옛날에 비해서 뭔가 많이 늘어났네요!

에디

맞아요. 글루를 짜 둘 테이프, 스티커, 반지 같은 것부터 시작해서 글루 보관을 어디에 할 것이냐, 눈꺼풀을 어떻게 고정할 것이냐… 모든 게 다 궁리의 대상이죠.

지금 저 역시도 속눈썹 연장은 더 이상 발전하기 어려울 거라고 생각하지만, 그건 20년 전에도 다들 똑같이 생각했어요. 속눈썹 연장은 이미 완성되어 있다고.

하지만 여기까지 발전했잖아요?

앞으로도 더 발전하고 또 좋은 제품들이 나올 거예요. 접착제도 점점 빨라지더니 이제는 0.1초 접착제라고 하는 제품들도 나오는걸요.

하나

그럼 저도 언젠가 저만의 제품을 만들 수 있겠네요!

에디

일단은 하나 씨만의 제품을 '찾는 것'부터가 일이에요. 손에 맞는 제품을 정하고 나면, 그 뒤부터는 잘 바꾸지 않게 되는 것 같아요. 그 전까지는…

하나

유목민이죠.

에디

맞아요. 그럴 때 선배님들을 찾아가서 문의해보시면 좋을 거예요. 선배님들은 저처럼 화학적인 지식 없이도 경험으로 프라이머를 사용하는 게 더 좋고, 어떤 클렌저가 좋고, 어떻게 속눈썹을 붙이는 게 잘 붙고 오래 가고, 어떻게 해야 손님을 잘 대하는지 훨씬 잘 알고 계세요. 결국 속눈썹은, 그런 기본이 제일 중요한 것 같아요.

하나

기본으로 돌아가라! 그럼 이제 저는 졸업인가요?

에디

또 궁금한 게 있으시면, 언제든지 물어보셔도 좋아요. 이제 화학 얘기는 좀 지루하지 않아요?

하나

그랬었는데… 이제 좀 그립기도 할 것 같아요. 그럼 이제 뭘 해야 할까요?

글루 공부

에디

실습 시간이죠. 배운 것들을 한 가지씩 실험해보면서 실제로 더 나아지는지, 얼마나 적용할 수 있는지를 보는 거예요. 저는 모든 원장님들이 다 즐겁고 편하게 일하실 수 있기를 응원하는 마음이고요.

하나

좋아요. 저 이제 배운 대로 열심히 할게요. 그리고 또 놀러 올 거예요.

에디

물론이죠.

하나와 에디는 빙긋 웃음을 지었다.

그리고 둘 중 한 명이 뿌에엥 하고 말을 꺼낼 때까지 잠시 비어 있을 회의 테이블을 떠났다.

Back to basic

마치며

하나와 에디의 긴 대화를 따라와 주신 여러분 감사합니다.

원래는 훨씬 더 긴 이야기를 적어보려고 했었습니다.

하지만 그러면 지루해지는 것을 피할 수가 없겠더라고요.
저는 이 책을 소중한 분들이 읽으실 두껍고 불편한 고분자 중
합을 설명한 화학 교본이 아닌 쉽고 편안하게 읽을거리로 적어보
고 싶었습니다. 더 상세한 전문 서적은 이미 적어 주신 분들이 많
이 계시니까요.

고민을 엄청나게 많이 했지만 글이 그만큼 충분히 쉬워졌는지
는 잘 모르겠습니다. 아마도 조금은 어려울 것이고, 저는 다만 이

책이 독자 분들께서 **견디실 수 있을 만큼만 어려웠으면 좋겠습니다.**

　그래서 다소 유치하더라도 중간중간 말장난도 넣어가며 주의를 환기하시고, 약 일주일간에 걸쳐 틈틈이 매일 한 챕터씩 나눠 읽으실 수 있도록 이야기를 꾸며보았습니다.

　이 책을 읽으시고 또 다른 궁금증이 생기셨거나, 이 책의 효력이 다해 제가 설명 드린 것보다 더 좋은 제품들이 나왔는데 그 제품이 어떻게 작동하는지 너무 궁금하시다면,

⬚ toke.eddie.yu

등등을 통해 언제든 편한 방법으로 연락을 주시면 됩니다.
그럼 무역회사 TOKE의 COO, 에디였습니다.

2026년 3월 25일 초판 1쇄 발행

지은이 | 에디
디자인 및 편집 | 이경민

* 삽입된 삽화 이미지와 표지 이미지는
  원작자와의 협의에 따라 AI 생성 이미지를 편집 후 사용하였습니다.

발행인 | 이경민
발행처 | 마이티북스

© TOKE

연락처
전화 | 010-5148-9433
이메일 | novelstudylab@naver.com
홈페이지 | https://마이티북스.com

ISBN 979-11-994493-3-6

도서 제작 과정에서 아래의 폰트를 사용했습니다.
'KopubWorld돋음체, Pretendard, Noto Sans CJK KR'
창작자들을 위해 무료로 배포해준
폰트 제작자 여러분에게 지면을 빌려 감사의 마음을 전합니다.

허위고백

허위

김태령 소설

고백

글

허위고백
虛位告白

[빈 자리에 하는 고백]

● DATA: 02

[illegible]

● DATA: 03

[illegible]

상담소의 주인인 강 박사는 일부러 맞은편 소파에 앉은 안드로이드에게 되물어야만 했다.

"방금 뭐라고 하셨습니까?"

"사람을 죽였다고 말씀드렸습니다."

아주 듣기 좋은 목소리였다. 그러나 듣기 편안한 문장은 아니었다. 내담자의 파격적인 발언에 조언이라도 구하고 싶었지만, 강 박사의 충실한 조수 케이는 이미 상담이 진행되고 있는 대합실을 떠난 후였다. 지금쯤 그는 휴식을 취하기 위해 따로 만들어 둔 안방에서 조용히 숨을 죽이고 있을 터였다. 그다지 상담에는 자신이 없는 강 박사에게 '할 수 있다'는 응원을 보내면서 말이다.

"모르는 사람이었습니까?"

"아니요. 죽인 건 제 어머니입니다."

감정에 치우치는 인간과 달리 안드로이드는

충격적인 발언을 이어가면서도 목소리조차 흔들리지 않았다. 강 박사는 처음 마주했을 때 들었던 그의 제품명을 떠올렸다.

AF-193184, 인간을 위해 준비해 둔 애칭으로는 아프.

순박해 보이는 저 청년 안드로이드가 어째서 살인을 저질렀으며 어떤 이유로 경찰서가 아닌 외딴 상담소를 찾아왔는지는 이제부터 직접 알아내야 했다. 강 박사는 마른침을 삼켰다. 망설일 시간이 없다. 이제 돌이킬 수도 없다.

"왜 그런 행동을 하셨는지 어디 한 번 들어나 볼까요?"

안드로이드가 고개를 끄덕였다.

"저는 어머니를 기쁘게 해 드리고 싶었습니다."

강 박사는 흥미를 느끼지 않기 위해 안쪽 입술을 꼭 깨물었다. 정신을 차려야 했다. 무슨 범죄 프로그램을 보는 것도 아니었으니 말이다. 그는 세간에 흔히 떠도는 상담사들의 직업 윤리 따위를 떠올리며 마음을 다잡았다. 무릇 상담사라면 내담자가 저지른 행위의 옳고 그름을 직접 판단해서는 안 된다느니 하는 소리 말이다. 상담의 본질은 내담자의 속내 그 자체를 파악하는 데에 있지 않겠냐는 생각이 뒤따랐다. 프로페셔널한 상담사라면 내담자의 살인 고백쯤이야 무덤덤하게 받아들이지 않겠는가. 강 박사가 보기에 '상담'이라는 건 감정은 모조리 제거하고 오직 이성만이 대두되는 장이었다.

60년을 넘게 살아왔어도 이런 기상천외한 일

을 겪다 보면 허둥대기 마련이다. 오래 살면서 배우는 것이라고는 당황하지 않는 법이 아닌, 당황을 숨기는 법뿐이다.

"어머니께서 죽음을 원하셨던 겁니까?"

"그분은 저와 당신의 사랑을 아무도 이해하지 못하리라 생각하셨습니다. 안 그래도 밖으로 나가기를 싫어하시던 분이었는데, 평생 사람들을 볼 수 없다면 남은 재산을 모두 탕진하기 전에 삶을 끝내는 게 낫다고 판단하신 게 아닐까요?"

"주인이 거기까지는 이야기해 주지 않은 모양이군요."

"말씀은 하신 것 같은데 제가 직접 들은 게 확실한지는 잘……."

갑자기 아프의 자신감이 사라졌다. 그는 손을 마주 잡더니, 왼손의 엄지손톱으로 오른쪽 검지 손톱을 뜯어내듯 긁기 시작했다. 틱틱 소리가 거슬렸지만 강 박사는 아프를 말리지 않았다. 그저 손톱이 아주 정교한 솜씨로 재현되었음에 속으로 감탄할 뿐이었다.

"기억나시는 대로 말씀해 보세요. 뭐든 괜찮으니까요."

"어머니께서 제게 칼을 쥐여 주셨습니다. 당신을 찌르라고 명령하시면서요. 저는 명령을 따랐습니다. 세 번이나 찔렀어요. 실패할 수 없었으니까요."

"그리고 완벽히 성공하셨군요."

"제가 쓰러진 어머니를 내려다보는 모습이 떠오릅니다. 복부에 갈라진 상처가 하나 보입니다. 피가 흐르고 있지만 곧 멈출 것 같습니다."

"당신은 지금 어디에 있죠?"

곧바로 설명을 잇지 못하고 주춤하던 아프는 딱 한 번의 심호흡으로 침착함을 되찾았다.

"결론부터 말씀드리자면 평범한 침실 같습니다. 안방 같기도 하고요. 침대와 화장대가 선명히 기억납니다. 방 안은 아늑한 분위기지만 바닥에 핏자국이 드문드문 보여 섬뜩한 느낌이었습니다. 바닥에 무언가가 있는데, 왠지 그 부분만 흐릿하게 보여서 정체를 알 수가 없습니다."

강 박사가 방의 전경이 보이냐고 묻자 아프는 고개를 끄덕였다. 아마도 그는 방의 구석에 서 있었던 것 같았다. 살인을 마친 이후였을까. 강 박사는 순식간에 스쳐 지나간 직감을 믿고 불필요한 질문을 삼켰다.

아프가 혼란스러운 태도를 유지하기를 바랐던 강 박사는 표정을 찌푸렸다. 방금 전 보였던 머뭇거림은 단순히 데이터를 로드하는 데에 시간이 걸렸기 때문이었나. 아프는 고개를 숙인 탓에 강 박사의 표정을 보지 못하고 차분히 말을 이었다.

"그리고 잠시 시간이 흐르는 것 같더니, 누군가가 문을 열고 들어옵니다. 그 사람이 저를 끌고 방을 나가요. 이때쯤 항상 꿈에서 깹니다. 많은 사람이 웅성거리는 소리가 귓가에 남지만 무슨 말을 하는지는 몇 번을 돌려 봐도 모르겠습니다. 이게 전부입니다."

"감사합니다, 아프."

"여쭤보고 싶은 게 있습니다."

아프가 잠시 망설이며 화제를 돌리려 했다. 강 박사는 미소를 지어 보였다.

"얼마든지요."

마음을 진정시키는 나긋한 말투에 아프가 손을 떨구고 허리를 꼿꼿하게 세웠다.

"박사님께서 보시기에는 제 첫인상이 어땠습니까?"

"글쎄요. 일단 대부분의 여성 고객이 싫어하지 않을 만한 외모에 사근사근한 태도……. 이런 걸 원하시는 게 맞으십니까?"

한눈에 봐도 아프는 아주 이상적인 반려 안드로이드로 보였다. 적당히 아름다운 외모, 예의 바른 태도, 필요한 순간에 적당히 발휘되는 단호함, 주인을 비롯한 인간을 위로할 줄 아는 섬세함, 그야말로 감정 노동에 최적화된…….

강 박사의 머릿속에 뻔한 키워드들이 떠다녔다. 요즘 생산되는 안드로이드라면 마땅히 갖춰야 할 요소를 빼먹지 않은, 인간의 비위를 맞추기 위해 만들어진 기계. 말하자면 그것이 바로 아프일 것이다.

"갑자기 이렇게 말씀드리면 혼란스러우실 테지만, 제, 제가 정말로……."

"정말로……?"

"……살인을 저질렀을까요?"

"……크흠."

아프가 양팔로 그의 몸통을 끌어안았다. 어쩌면 지금 그에게 필요한 것은 상담이 아니라 수리가 아닐까? 헛기침을 하며 당혹감을 뱉어낸 강 박사는 스스로 다독이기 위해 손뼉을 쳤다. 갑작스러운 큰 소리에 흠칫 놀란 아프가 양팔을 풀었다. 그는 양손을 무릎에 올리고 시선을 밑으로 떨구었다.

"제가 하는 이야기를 받아들일 수 있으시겠습니까?"

"혼란이 생겼을 때는 풀어 나가면 그만입니다. 그리고 이미 상담비도 주셨잖아요. 돈값을 해야죠."

사실 아프는 처음 받아 보는 상담이라며 정확한 액수도 파악이 안 되는 묵직한 돈 봉투를 내밀었을 뿐이고, 강 박사는 처음 진행하는 상담에 얼마를 받아야 하는지 몰라 무작정 그 봉투를 받은 것뿐이었다. 지금쯤이면 케이가 금액을 헤아리지 않았을까 싶었다.

"박사님, 솔직히 말하자면 그게 꿈인지 현실인지도 모르겠습니다."

"갈수록 어려워지는군요."

"몇 년 전에 있었던 일을 매일 밤 잠들 때마다 떠올리지는 않잖아요?"

"살인 정도면 트라우마로…… 아아."

“제조사에서 그런 기능까지 커스텀하지는 않았을 것 같네요. 아, 말씀드리지 않았군요. 저는 독립 개체로 분류 받았습니다.”

강 박사는 그제야 안드로이드 혼자 상담소를 찾아올 수 있었던 이유를 알아챘다. 중요한 사실은 아니었지만 ‘내담자’와 가까워지는 감각은 나쁘지 않았다.

‘독립 개체’는 주인 없이 신원만 국가에서 등록해 관리하는 안드로이드를 뜻했다. 어쨌든 인간의 말에 순종적인 안드로이드라는 건 다르지 않으니 ‘독립’이라는 말을 붙이는 것에 어폐가 있다고 생각하면서도, 언어라는 것은 많은 사람이 쓰면 눌러앉는 습성이 있지 않은가. 강 박사는 이미 만들어진 단어에 불만을 가지는 사람이 아니었다.

“무슨 일을 맡고 있죠?”

“물류 센터에서 일했었습니다.”

“일했었어요?”

“꿈을 꾸기 시작한 이후로 일에 집중을 못해서 사흘 전에 그만뒀습니다.”

독립 개체라면 마땅히 국가에 소속된 안드로

이드로서 업무를 하나씩 도맡아야만 했다. 그 말은, 강 박사가 이 자리에서 아프의 문제를 해결할 수 없다면 아프는 쓸모를 찾지 못하고 폐기될 수도 있다는 뜻이었다. 인간이라면 몰라도 용도가 불분명한 안드로이드는 이 세상에서 오래 버틸 수 없다.

"그러니까 당신이 살인을 저지른 기억도 있고, 누구를 죽였는지도 아는데, 그 행위 자체가 허구의 꿈인지 실제로 일어났던 일인지 모르겠다고요?"

"이상하게 들린다는 거 잘 압니다. 범죄를 저질러놓고 회피한다고 생각하실 수도 있어요."

아프가 오른손으로 왼팔을 세게 쥐었다. 유려히 재현된 손에 아프의 '실핏줄'이 도드라졌다.

"제가 정말로 죄를 저질렀다면 처벌을 받아야 한다고 생각합니다. 하지만 그게 아니라면 제가 왜 이런 꿈을 꿔야 하는 걸까요? 이유라도 알고 싶습니다."

강 박사는 어느새 쌓인 긴장을 풀기 위해 몸을 들썩였다. 이제 그의 일을 해야 했다. 아무리 상담에 자신이 없다고 한들 말이다.

"용어 정리부터 하죠. 꿈은 확실히 인간의 무의식을 반영합니다. 미래를 예견한다고도 하죠. 여러 예시가 있겠지만 생략하겠습니다. 하지만 안드로이드의 꿈은 그저 보유한 데이터 중 한 가지를 무작위로 재생시키는 것에 불과합니다."

왜 안드로이드를 제작하는 기업은 자신들의 생산품에게 꿈을 꾸도록 만들었을까? 인간이 타고난 변덕으로 감내해야 하는 고통을 안드로이드에게도 안겨 주기 위해서? 만약 직접 안드로이드를 만들 기회를 얻는다면 절대 꿈 같은 건 꾸게 하지 않으리라, 무의식에게 의식이 방해받도록 내버려 두지 않으리라. 홀로 생각을 곱씹던 강 박사는 손가락을 한 번 딱 튕겼다.

"제가 할 일이 명확해진 것 같군요."

"박사님의 일이요?"

"당신이 살인범이 아니라는 걸 증명해야죠. 어떻게든 그 데이터가 당신의 것이 아니라고 설득해야 하고요."

"설득이라니 누구를, 경찰을요?"

"당신을요."

강 박사는 어깨를 으쓱해 보였다. 사실 상담사

라는 게 이런 직업이 아니겠는가? 당장 아프의 머리를 열어 데이터를 손볼 수 없다면, 아프가 스스로 답을 찾도록 이끌 수밖에는 없었다. 강 박사가 잠시 생각을 정리하느라 시선을 멀리 던졌다. 받아먹은 돈 봉투의 두께에 비하면 별로 하는 일이 없는 것 같지만 그의 탓은 아니었다. 강 박사가 다시 시선을 아프에게 돌렸다.

"걱정 마세요. 제게는 근거로 내세울 이론도 있습니다. 사실 가능성은 하나뿐입니다."

"그게 뭐죠?"

"당신의 몸을 만들 때 어머니를 살해한 그 안드로이드의 부품이 들어간 겁니다. 그 부품에 있는 데이터가 완전히 삭제되지 않은 탓에, 당신에게까지 간섭하는 거죠."

그런 일은 종종 있었다. 안드로이드의 몸을 만드는 데도 적지 않은 비용이 드는 터라, 안드로이드 공장에서는 가동이 정지한 기체를 수거한 후 해체해 멀쩡한 부품만 골라 재사용하고는 했다. 강 박사는 인간 또는 안드로이드가 새로운 기계 부품을 이식받는 과정에서 이질적인 데이터까지 함께 받아 불편을 호소하는 경우를 잘 알았다. 강 박사가 말을 이었다.

"당신은 범죄자가 아닙니다. 우연히 범죄자의 데이터가 섞여 들어갔을 뿐. 그래도 당신의 팔에 그 데이터가 없는 게 다행이라고 해야 할지……. 실제로 칼을 휘두르지는 않았잖아요."

그러나 차라리 팔이나 다리처럼 인지 능력에 직접 관여하지 않는 부위가 문제라면 해결이 쉬웠을 것이다. 사지 말단이나 뇌를 제외한 부위는 이질적인 데이터가 들어가더라도 떼어내면 그만이었고, 강 박사도 이 사실을 잘 알고 있었다. 상담 비용도 두둑이 받았으니 수술 정도는 서비스로 해 줄 수도 있었다. 하지만 머리는 이야기가 달랐다. 특히 뇌는 전문가라도 쉽게 손댈 수 없는 부분이었다.

"그걸로 끝일까요?"

아프의 애처로운 목소리가 강 박사를 깨웠다. 아프는 찌푸린 인상을 풀지 않은 모습이었다. 쉽게 받아들일 말도 아니었다. 강 박사의 반응이 없자 아프가 한숨과 함께 말을 이었다.

"지난 일주일 동안 같은 꿈을 꿨습니다. 마치 그 사실을 똑똑히 기억해야 한다는 듯이. 꿈에서

깰 때마다 사람을 칼로 찌르던 그 느낌이 손에 생생합니다."

"직접 찌르신 건 아닙니다."

"그것도 잘 모르겠습니다. 저 자신마저 속이는 걸 수도 있잖아요."

"당신은 그 누구도 죽이지 않았습니다. 그렇지 않나요?"

대답이 없자, 강 박사는 일부러 과장된 미소를 지어 보였다.

"문제가 되는 부품만 교체하시면 바로 해결될 겁니다."

요즘은 인간도 취약한 부분을 쉽게 들어내 원하는 대로 바꾸는 게 추세였다. 인간이 특정한 장치나 기계를 이식해 사이보그 인간은 안드로이드의 이점을 취하면서도 그들과 자신들을 구분하려고 새로운 단어를 가져왔다 가 되는 건 요즘으로 치자면 그리 이상한 일도 아니었다.

"부품을 갈아 끼워도 저는 여전히 저일까요?"

아프의 질문이 강 박사의 마음을 파고들어 왔다. 살면서 어느 부분도 기계로 바꾸지 않고 살아온 그가 오랫동안 해 온 질문이었다. 점차 뻑뻑해지는 눈을 포함해 어떤 부위도 갈아 끼울 의향은 없지만 강 박사는 나름의 답을 내놓았다.

"그렇게 받아들이신다면요."

갑자기 누군가가 바깥에서 현관문을 세게 두드렸다. 강 박사가 소파에서 천천히 일어나 소리 나는 방향을 쳐다보았다. 상담소 안쪽에서 펄럭거리는 소리가 들려 강 박사가 뒤를 힐끔거렸다. 대합실과 안방을 가르는 커튼을 헤치고 조수 케이가 걸어 나오고 있었다. 날개뼈까지 내려오는 검은 머리카락을 흩날리며 케이가 재빠르면서도 급하지 않은 움직임으로 현관을 살폈다. 케이는 현관문에 난 작은 구멍으로 바깥을 살핀 뒤 강 박사에게 돌아왔다.

"낯선 사람이에요. 두 명."

"오늘따라 오는 사람이 뭐 이렇게나 많지? 특징은?"

"그냥 평범한 옷차림이었어요. 이웃분들도 아닌데."

운이 억세게 안 좋은 날이다. 대체 이런 낡은 건물에 뭐 그리 볼일이 많으시다고 하나둘씩 찾아오는지, 강 박사는 손으로 이마를 짚으며 한숨을 내쉬었다. 한편 아프는 흔들리는 눈빛으로 현관문을 바라보고 있었다. 단순히 상담을 방해받아서 언짢은 기분이 든 건 아닌 것처럼 보였다.

정적이 이어지던 도중, 돌연 문 너머에서 낯선 목소리가 들려왔다.

"경찰입니다. 뭐 하나만 여쭙고 돌아갈게요!"

"어떡하죠?"

케이가 화들짝 놀라 허공에 질문 아닌 질문을 던졌다. 강 박사는 아주 작게 앓는 소리를 냈다. 이런 구석까지 경찰이 찾아올 일이 있겠냐는 생각이 들었지만 조심해서 나쁠 건 없었다.

"그래도 인간인 이상 등록된 모든 안드로이드를 외우지는 않을 텐데."

강 박사는 심호흡했다. 어쨌든 케이만 보이지 않으면 문제 될 건 없었다. 쳐들어온다고 해도 혼자 산다고 둘러대면 그만이었고. 불심 검문을 위해 돌아다니는 안드로이드 단속반이라 한들 설마 증거나 영장도 없이 집 안을 헤집겠는가? 강 박사가 일어난 자세 그대로 케이에게 명령했다.

"손님들은 내가 맡을 테니 넌 아프 씨랑 안방에 들어가 있어. 이야기가 끝날 때까지 절대 나오지 말고."

“어쩌시려고요?”

“무작정 내쫓을 수는 없잖아. 서둘러!”

케이가 아프에게 눈짓으로 따라오라 일렀다. 아프는 망설이면서도 케이를 따라 몸을 숨겼다.

커튼이 닫히고 입구에서 아까 전의 쿵쿵대는 소리가 들려왔다.

시간은 사정없이 흐르고 세상은 개인을 기다려 주지 않는다. 시간이 주어졌으면 결과를 내야 하고, 결과를 내지 못하면 잊히고 도태된다. 많은 노력과 자원을 투자해야 하는 일에 뛰어드는 건 자유지만, 그럼에도 빠른 결과를 내야 한다는 의무에서 벗어날 수는 없다.

다 이해했다. 많이 조급한 것도 알겠다. 그런다 한들, 임 대원은 오후 10시에 철문을 주먹으로 쾅쾅 두들겨 대는 선임을 받아들일 수 없었다.

"진짜 여기 뭐가 있다고 생각하세요?"

"뭐라도 찾아내야지."

임 대원을 여기까지 이끌어 온 최 대장이 철문에서 주먹을 떼었다. 아파하는 기색은 전혀 보이지 않았다. 임 대원은 미심쩍다는 듯 눈살을 찌푸렸다.

"아무것도 못 찾으면요?"

"찾아내야지."

"흐아악……."

임 대원이 대놓고 하품 섞인 한숨을 내쉬었지만 최 대장은 대답을 바꾸지 않았다. 사흘 전부터 쉬지도 않고 근방의 주택 단지와 물류 창고를 쥐 잡듯 뒤지느라 온몸이 쑤실 지경이었다. 임 대원은 그나마 멀쩡한 왼팔을 들어 오른쪽 어깨를 손으로 감싸고 오른팔을 뒤로 빙빙 돌렸다.

"이런 낡은 상가 건물에 대체 뭐가 있다는 거예요. 소음 공해로 신고나 안 당하면 다행이겠네요."

"여기만 끝나면 복귀시켜 줄 테니 그만 징징거려."

"정말이요? 아무것도 없어도요?"

"그래, 약속하지."

그제야 임 대원은 투덜거림을 멈췄다. 최 대장은 한 번 맺은 약속은 어긴 적이 없었다. 퇴근이 보장되자 기분이 한층 산뜻해진 임 대원은 팔을 내리고 철문을 똑바로 쳐다보았다. 두 사람의 시선은 같은 곳에 머물렀다.

적당한 높이에 '상담소'라고 적힌 나무 현판이

걸려 있었다. 바깥에 걸어두는 현판치고는 아주 작아서, 외부에서 이곳이 상담소라는 사실을 알기는 쉽지 않아 보였다. 게다가 '상담소'라는 글자 앞에 있는, 명칭이라도 적혀 있을 법한 공간에는 생채기와 탄 자국뿐이었다. 이래서야 장사가 되나, 임 대원이 중얼거렸지만 최 대장이 신경 쓰는 부분은 따로 있었다.

이 정도로 소음이 발생했는데도 얼굴을 내미는 사람이 없다니. 어떤 것보다도 가장 이상하고 수상쩍은 사실이었다.

"경찰입니다. 뭐 하나만 여쭙고 돌아갈게요!"

참다못한 임 대원이 손나팔까지 만들고 소리쳤다. 고요하기만 한 철문 너머를 노려보며 최 대장이 쯧, 하고 혀를 찼다. 곧이어 임 대원이 허리를 숙여 최 대장의 귀에 속삭였다.

"선배님, 계속 안 열린다면 제가……."

그때 두 사람에게 응답하듯 철문이 천천히 열렸다. 상담소 안에 갇혀 있던 불빛이 바깥으로 쏟아져 나오며 백의를 입은 노인이 모습을 드러냈다. 임 대원은 노인에게 꾸벅 고개를 숙였다가 들었다.

"늦은 시간에 죄송합니다! 사건을 조사 중인데요."

"경찰 나으리들께서 대체 여기까지 어쩐 일이신지?"

노인답지 않은 경쾌한 비아냥에 임 대원의 표정이 살짝 굳었다. 이 정도로 싫어할 줄은 몰랐던 걸까. 가만히 있는 최 대장을 살짝 흘기는 시선에는 이게 다 선배님이 문을 쾅쾅 두드려서 그렇다는 작은 원망이 담겨 있었다. 모든 시민이 경찰이라는 조직에 우호적이지 않다는 사실을 알기에는 시간이 조금 더 필요해 보였다.

노인은 문고리를 잡은 자세 그대로 서 있었다. 여차하면 눈앞에서 문을 닫아버릴 심산으로 보였다. 최 대장은 노인이 임 대원에게 시선을 뺏긴 사이 바깥 문고리를 잡아당겼다. 문이 활짝 열리면서 이를 예상하지 못한 노인의 몸이 앞으로 휙 기울어졌다. 임 대원이 노인을 붙들어 그가 넘어지지 않게 부축하는 사이, 최 대장이 도어 스토퍼를 발로 세우고 고정된 문에 기대어 섰다.

"뭐 좀 묻지."

임 대원은 노인을 똑바로 세워 주었다. 최 대

장은 노인이 자신을 노려보거나 말거나 품에서
종이 한 장을 꺼내 펼쳤다. 수배지였다.

"사라진 안드로이드를 찾고 있는데."

"죄송해요, 어르신. 저희 선배님이 성미가 좀
급해서."

노인은 초면에 반말을 찍찍 내뱉는 최 대장에
게 예의를 기대해서는 안 된다는 사실을 깨달은
듯, 임 대원의 사과에도 아무 말을 하지 않았다.
차라리 얼른 대답을 하고 최 대장을 보내 버리는
게 낫겠다 싶었는지 노인이 수배지를 눈으로 훑
었다.

안드로이드의 제품명을 물끄러미 바라보던 노
인은 고개를 휙휙 저었다.

"이런 안드로이드는 본 기억이 없습니다."

"혹시 '에스'라는 호칭을 들어 보셨나요?"

"아니요."

"정말이요? 진짜 사소한 거라도 좋아요. 뭐 없
으신가요?"

"죄송하지만 전혀 없네요."

임 대원이 대놓고 아쉬워하며 입술을 삐쭉거
렸다. 그 모습을 가만히 보던 최 대장이 눈을 흘

졌다.

"보니까 상담소라고 써 있던데. 맞나?"

"선배님, 왜요?"

"우리에게도 아주 중요한 고민이 있으니 상담이나 받아 보자는 거지."

"우와앗, 그래도 돼요?"

임 대원이 화들짝 놀라 말 그대로 펄쩍 뛰어올랐다. 아무리 절박하다고 한들 일반인에게 함부로 수사 내용을 알려도 되는 걸까? 아니, 물어볼 필요도 없지. 하지만 임 대원이 고개를 젓는 것보다 노인이 끼어드는 것이 빨랐다.

"안드로이드 단속반이 함부로 '고민'을 발설해도 됩니까?"

"아니, 그건 어떻게 아셨어요?"

임 대원이 노인의 말에도 거듭 놀라느라 선 자리에서 비틀거렸다. 최 대장도 놀라기는 마찬가지였다. 그는 호들갑을 떠는 후임처럼 눈을 동그랗게 뜨는 대신 턱을 들어 노인을 깔보듯 내려다보았다.

"경찰 조직에 관심이 많나 봐?"

"단속반이 인간 경찰의 끄나풀인 건 압니다.

아무리 조직 내에서 취급이 안 좋다 한들 이렇게까지 막무가내일 줄은 몰랐습니다만.”

인간과 안드로이드가 공존하는 세상이다. 그러나 인간은 굳이 안드로이드를 감독하기 위해 만들어진 조직인 ‘단속반’과 마주칠 일이 없었다. 인간과 안드로이드 간에 충돌이 생겨도 우선 인간 경찰이 사건을 도맡은 다음 안드로이드만 단속반에 인계하는 경우가 대부분이었다.

겉으로 보기에 안드로이드는커녕 다른 인간과도 접점이 없어 보이는 노인네가 어떻게 우리의 존재를 아는 걸까. 최 대장은 자신에게 인간을 추궁할 권한도 의무도 없다는 사실을 곱씹으며 겨우 충동을 억눌렀다.

“그래서, 시간을 내어 줄 수 있나?”

“거절한다면 돌아가실 겁니까?”

겨우 마음을 추스른 임 대원이 최 대장의 어깨에 손을 올렸다. 자신에게 맡기라는 자신만만한 신호였다. 평소에도 신고자 또는 그 외 사건과 관련된 인간을 다수 상대해 온 임 대원이 실력을 발휘했다.

“다 눈치채신 것 같으니 별수 없네요. 네, 원래

이렇게까지 하지는 않는데요. 저희 상황이 워낙 절망적이라서요……. 사실은요, 저희가 미제 사건을 추적하는 중이랍니다. 박사님의 증언이 꼭 필요해요!"

"제가 아는 게 없어서 유감이군요."

"사건 경위를 들어 보면 뭔가 떠오를 수도 있잖아요. 그렇죠?"

임 대원이 최 대장을 쳐다보며 외치자 최 대장이 고개를 끄덕였다. 노인은 백의를 양손으로 매만지며 정리하더니 고개를 까딱였다.

"좋습니다. 두 분 성함이 어떻게 되시죠?"

"그건 왜요?"

"내담자에게는 성함을 여쭤보는 게 원칙이라서요."

"아잇, 저희 수상한 사람들 아닌데."

최 대장이 임 대원의 옆을 지나쳐 노인의 바로 앞에 섰다.

"단속반의 존재는 알아도 역시 사정까지는 모르나 보군."

"사정이라니요?"

"나는 최 대원, 저 녀석은 임 대원으로 호명하

면 된다. 그쪽은?"

"……강 박사라고 해 두죠."

"절차가 끝났으면 들어가지."

'대원'이 아닌 명칭으로 불려 본 기억이 까마득해 난감해하던 임 대원은 선임의 말끔한 정리에 감탄했다. 역시 자신이 알던 그 사람이 맞다고 안심하기도 했다. 마음에 안 드는 건 딱 하나뿐이었다.

"최 대원이 아니라 최 대장님이라고 말씀하셔야죠. 우리도 엄연한 수색대인데……."

"들어오십시오."

노인은 먼저 상담소 안으로 쑥 들어가 버렸다. 최 대장은 아무 말 없이 노인을 따라 안으로 들어갔다. 임 대원은 잠시 최 대장의 뒷모습을 바라보다가 너무 시간을 끌면 안 되겠다는 생각에 황급히 현관문을 닫으며 들어갔다.

단속반원들이 어떤 이야기를 하든 적당히 고개만 끄덕여 주면 그만이겠다 싶었다. 미제 사건이든 뭐든 상담소에 틀어박혀 사는 자신과는 관련이 있을 것 같지 않았다. 이미 밤 10시를 훌쩍 넘겨 11시를 앞두고 있었다. 적당히 모른다는 대답으로 일관하고 돌려보내야겠다는 그의 계획은 명확했다.

강 박사는 조수를 대신해 직접 안방에서 물이 가득 담긴 유리병과 유리잔을 구했다. 다시 대합실로 나오니 본래 아프가 앉아 있던 소파에 최 대장이 자리를 잡고 있었다. 임 대원은 소파 뒤에서 상담소를 흥미 가득한 눈빛으로 훑고 있었다. 강 박사가 소파 앞에 놓인 원탁에 쟁반을 내려놓고 최 대장의 맞은편에 앉았다.

"그래서, 고민이라는 게 뭡니까?"

"우선 박사님이 뭐라도 떠올릴 수 있도록 저

희가 조사하는 사건을 알려드릴게요!"

임 대원이 발랄하게 외치며 최 대장 앞으로 걸어 나왔다. 너무 순순한 태도에 강 박사는 섣불리 두 사람을 안으로 들인 것을 후회했다. 경찰 신분증이라도 확인했어야 했다는 자책이 머리를 스쳤다. 그러나 이제 와서 그것을 시도한들 상황이 더 안 좋아질 게 뻔하다는 예상이 이어졌다.

"아까 제게 물어보신 안드로이드와 관련된 겁니까?"

"정확해요! 살인죄를 저질러 놓고는 도망쳤거든요, 그 녀석."

안드로이드에게 권리는 주어지지 않아도 죄는 씌워질 수 있었다. 누가 어떤 권한으로 그런 주장을 세상에 뿌려 놓았는지, 강 박사는 별로 마음에 들지 않았다. 그러나 여기서 말꼬리를 잡았다가는 대화가 또 다른 쪽으로 흘러갈 테고, 그랬을 때 어떤 실언을 뱉을지 몰랐다.

임 대원은 상대의 반응이 없음에도 설명을 쭉쭉 이어 나갔다. 마치 이 상담소에 예전부터 오기로 했던 사람처럼 풀어진 태도였다.

"주인을 죽이고 달아난…… 아니, 달아났다

고 하는 게 맞나? 거실에서 주인을 죽인 다음 피
해자의 방에 숨어 있었어요. 일부러 잡히고 싶었
던 건지."

"하여튼 주인을 살해했고, 그래서요?"

"네, 피해자는 에스와 단둘이 살고 있었는데
요. 딱 봐도 에스가 범인이겠구나 했어요. 애초에
인간이랑 접촉을 안 했거든요, 피해자가."

"그렇게 명확한 범죄인데 아직 잡히지도 않았
다는 말입니까? 아니, 아니지……. 피해자의 방
에 숨어 있었다면서요? 그걸 못 잡으신 겁니까?"

"아니요! 잡았어요, 잡았는데 놓친 거지."

임 대원이 팔짱을 끼고 시선을 저 멀리 던지며
얼버무렸다. 묵묵히 듣고 있던 최 대장이 상체를
일으켜 유리잔에 물을 따랐다.

"방심한 사이에 탈주했거든. 그 덕에 아직도
뒤쫓고 있지."

"그거 큰일이군요."

"위험한 녀석이야. 굉장히 잔혹하기도 하고.
임 대원, 피해자에게서 발견된 것 중 제일 이상한
점이 뭐였지?"

최 대장이 유리잔을 입에 대며 물었다. 임 대

원이 팔짱을 풀고 남은 유리잔에 물을 한가득 따라 단번에 모두 들이켰다.

"저항의 흔적이 없었다는 거죠. 보통 사람이 칼에 찔릴 때 어떻게 하겠어요? 아파서 몸부림이라도 치겠죠. 하지만 피해자는 아무것도 안 했어요. 마치 찔러 달라며 가만히 서 있었던 것처럼."

"피해자는 어디를 찔려 죽었죠?"

반사적으로 질문이 튀어나왔다. 찌푸려진 강 박사의 표정은 눈치채지 못 한 임 대원이 뒤통수를 긁적이며 어정쩡한 태도로 답했다.

"네? 어, 복부였었나, 아마."

"몇 번 찔렸습니까? 세 번?"

"세…… 맞아요, 세 번이요."

"안드로이드가 주인을 부르는 호칭이 어머니였고요. 그렇죠?"

강 박사의 입이 멈추지를 않았다. 이렇게 입을 놀려 봤자 득이 될 게 없다는 걸 잘 안다. 당장 그만둬야 했지만 머릿속의 퍼즐이 맞춰지는 걸 멈출 수가 없었다.

"아는 게 많군."

최 대장의 중얼거림에 강 박사가 딸꾹질했다.

그의 몸이 들썩이는 걸 보며 임 대원조차 눈썹을 찌푸렸다.

"그러게요. 되게 잘 아시네요."

"당신 말이 맞아. 에스는 어머니를 세 번 찔렀지. 같은 자리를 반복해서. 내가 묻고 싶은 건 그걸 당신이 어떻게 아느냐야."

최 대장은 그저 입술에 닿기만 한 유리잔을 원탁에 세게 내려놓았다. 잔에 담겨 있던 물이 찰랑거리며 최 대장의 손을 적셨다. 그는 순순히 모든 것을 털어놓으라고 말하는 것처럼 강 박사를 노려보았다. 이미 그쪽이 수상하다는 건 알고 있다고 말하는 눈빛이었다. 강 박사는 최 대장의 시선을 피하지 않았다. 이럴 때 할 수 있는 건 침착해지려 애쓰는 게 아닌, 자신이 침착한 상태라고 상대를 속이는 것이다.

"들은 적 있습니다. 반려 안드로이드가 주인을 살해하고 도망친 사건."

"어떻게요?"

임 대원의 목소리가 높아졌다. 강 박사는 어깨를 으쓱였다.

"어떻게라니요?"

"저희끼리도 떠벌리지 말라고 쉬쉬하는 일인데요."

"그랬습니까? 여기 오셔서 용의자의 호칭이라든가 사건의 경위까지 전부 설명해 주시길래 공공연한 일인 줄 알았습니다."

"지금 그런 말이 통할 거라고 생각……."

최 대장이 조용히 임 대원을 호명했다. 눈이 마주치자, 최 대장은 고개를 약하게 두 번 저었다. 어깨를 축 늘어트린 임 대원이 아쉬운 티를 한껏 내며 입술을 삐쭉 내밀었다. 그러나 최 대장은 물러나라는 명령을 거두지 않았다. 외부인도 알아채기 쉬운 신호에 강 박사의 마음이 가라앉았다.

"만에 하나 그 안드로이드가 잡히면 어떻게 됩니까?"

"바로 분해되겠지. 이번에야말로 재사용되는 부분 없이 전량 폐기시키고 말겠어."

최 대장의 대답에 강 박사의 눈썹이 꿈틀거렸다. 최 대장은 아까 전 마시지 않은 물잔을 다시 들어 반쯤 비우고 소파에서 일어섰다.

"애써 설명까지 했으니 에스를 보거든 신고

해. 이만 가지."

최 대장이 현관문을 향해 걷자 임 대원이 곧장 그를 뒤따라갔다. 두 사람은 강 박사가 쫓아올 수 없도록 최대한 빨리 상담소에서 멀어졌다.

뒤에서 시선이 느껴졌다. 성가신 노인네라고 생각하며, 최 대장은 걸음을 재촉했다.

바깥에는 여전히 어둠이 짙게 깔려 있었다. 최 대장은 잘 보이지 않는 앞을 향해 인상을 찌푸렸다. 어느새 그를 쫓아온 임 대원이 최 대장의 팔목을 잡아 가로등 빛이 비추는 길로 잡아끌었다.

"어두우니까 자꾸 앞서가지 마세요."

밤눈이 밝은 임 대원은 주위에 어둠이 깔릴 때면 늘상 빛을 쫓아 최 대장을 이끌었다. 그것 또한 임 대원의 역할 중 하나였다. 야맹증을 고치지 않고 내버려 두는 최 대장을 위해 임 대원은 기꺼이 그의 눈이 되기를 자처했다. 편하기도 했기에 최 대장은 굳이 후임에게 그만두라는 말을 하지 않았고, 임 대원은 그것을 빌미로 선임의 곁에 남았다.

근처에 아무도 없음을 확인한 최 대장이 주머

니에 손을 넣었다.

"약속대로 퇴근시켜 주지."

그의 손에는 담뱃갑이 들려 있었다. 임 대원은 양손을 허리춤에 올리며 눈썹을 찡그렸다.

"저렇게 꺼림칙한 곳을 두고요? 애초에 왜 말리신 거예요? 거기서 꼬투리를 잡았어야죠."

후임의 대답에 만족한 최 대장의 눈빛이 일순간 번뜩였다. 임 대원이 가장 좋아하는 순간이었다. 임 대원은 팔짱을 끼며 활기찬 목소리로 말을 이었다.

"수상하다고요. 저희가 찾는 수상함과는 조금 다른 것 같지만요."

"인간의 감으로 말하는 거겠지?"

임 대원이 선임을 안심시키듯 미소 지었다.

"그럼요."

대합실의 인기척이 사라졌다. 케이는 조심스레 커튼을 걷고 안방에서 대합실을 내다보았다. 어두컴컴한 안방과 달리 아늑한 주황빛 조명이 켜진 대합실은 고요하기 그지없었다.

"전부 가신 것 같아요."

케이가 뒤돌아 바닥에 앉은 채 무릎을 끌어안고 있는 아프에게 말을 건넸다. 그가 아프를 일으켜 세우자 아프가 비틀거리며 일어섰다. 아프는 손으로 팔을 움켜쥐고는 시선을 밑으로 내리깔았다.

"무서우세요?"

"두려운데, 제가 왜 이런 감정을 느껴야 하는지는 모르겠습니다."

"범죄를 저지르지 않은 경우에도 무의식적으로 공권력을 무서워한다고 배웠어요. 그들이 가진 힘이 개인에게 미치는 영향이 너무 크니까요.

박사님께서 가르쳐 주셨어요.”

케이는 커튼을 완전히 열고 대합실로 나와 주위를 빙 둘러보았다. 딱히 부서진 곳도, 망가진 곳도 없었다. 원탁 위의 유리병과 유리잔도 무사했다.

“박사님은 설마……?”

아프가 커튼 앞에 선 채로 물었다. 선뜻 걸음을 내딛지 못하는 아프를 돌아보며 케이가 웃어 보였다.

“괜찮으실 거예요. 언쟁하는 소리야 들렸어도 끌려가신 것 같지는 않았으니까.”

케이의 말에 살짝 마음을 놓았는지, 아프가 조심스러운 발걸음으로 케이에게 다가왔다. 케이는 보채지도 않고 가만히 서서 아프의 눈을 쳐다보았다. 너무나 곧은 시선에 아프의 몸이 움츠러들었다. 케이는 검지로 제 턱을 톡톡 두드리며 중얼거리듯 입을 열었다.

“단속반이 왜 여기까지 온 걸까요?”

“에스라는 분을 찾고 계신 것 같더군요.”

대합실에 있는 누구도 정확한 답을 내릴 수 없는 질문에, 대합실에 있는 모두가 이미 알고 있는

답변이 이어졌다. 두 안드로이드는 소파도 내버려두고 그대로 서서 눈동자를 이리저리 굴렸다. 먼저 행동을 그만둔 건 아프였다.

"한 가지 걸리는 건, 그분들이 말씀하셨던 안드로이드 말입니다……."

아프는 말끝을 흐리며 시선을 아래로 떨구었다. 케이는 곧장 뒤에 이어질 법한 말을 예측할 수 있었다.

"아프 씨의 꿈과 내용이 비슷하다고요?"

"정말로 꿈이었으면 좋겠군요."

"그럴 거예요."

대합실과 안방은 그리 멀지도 않았다. 더구나 두 공간 사이를 가르는 건 얇은 커튼 한 장뿐이었으므로 케이와 아프는 대합실에서의 대화를 모두 엿들을 수 있었다. 아프는 깊은 한숨을 내쉬며 고개를 몇 번이나 가로저었다. 케이에게 불안을 떠넘길 이유는 어디에도 없었다. 케이의 검지가 턱선을 타고 슥슥 움직이기 시작했다.

"저는 박사님의 이론이 맞다고 생각해요. 더미 데이터가 새로운 몸에 간섭하는 건 흔한 일인 걸요. 폐기된 몸을 제대로 검사하지 않는 공장도 많고요."

"그렇다면 당장 여기를 떠나서 정비소를 찾아가면 되겠군요. 제 뇌를 들어내서 잠들어 있던 더미 데이터를 삭제하면 이 고민도 끝나겠죠."

"……"

"케이 씨."

아프가 강 박사에게 소개받은 이름으로 상대를 불렀다. 골똘히 무언가를 생각하던 케이가 퍼뜩 놀라 고개를 끄덕였다. 검지는 턱 끝에 닿아 있었다. 아프가 한숨을 내쉬었다.

"제가 꾸는 꿈이 그저 데이터의 무작위한 집합체였을 뿐이라면 해결도 빨랐을 겁니다. 완전한 허구의 일이라면요. 하지만 실제로 그 사건을 쫓는 분들이 나타나 버렸어요."

"꿈을 알게 되면 아프 씨를 범인으로 간주할 게 분명해요."

"제가 염려하는 게 그겁니다."

"그래도 저는 아프 씨를 믿어요."

"그건 자체적인 판단입니다."

안드로이드로서는 부적합한 말에 아프가 당황했다. 그러나 케이는 오히려 밝은 미소를 지어 보이며 고개를 끄덕였다.

"네. 제 생각에 아프 씨는 결백할 것 같으니까, 살인 사건과는 관계없다고 믿는 거죠."

"박사님께서 많은 것을 입력해 주신 모양이군요."

"아프 씨는 생각해 보신 적 없나요?"

아프가 곧바로 대답하지 못하고 입을 달싹거렸다. 인간과 안드로이드가 공존하는 세상일지라도 인간이 아닌 것들이 누릴 수 있는 자유에는 한계가 있었다. 인간은 비인간에게 감정을 허락한 적이 없었다. 인간의 감정은 숭고하지만 비인간의 감정은 거추장스러웠다. 안드로이드가 얼굴을 사용해서 표정을 짓도록 만들어진 건 인간의 기쁨에 미소로 화답하기 위함이지, 먼저 눈물을 흘려서 인간을 곤혹스럽게 만들기 위함이 아니었다. 생각도 마찬가지였다. 명령을 더 효율적으로 수행하기 위한 연산을 제외하고는 환영받지 못했다.

"없습니다."

"괜찮아요. 제가 아프 씨의 몫까지, 아프 씨를 믿어 드릴게요. 박사님께서는 믿는다는 게 '흔들리지 않는 것'이라고 하셨어요. 저는 아프 씨가 살인을 저지르지 않았다고 확신해요."

케이가 양손 모두 주먹을 힘껏 쥐고 결의에 찬 목소리로 말했다. 아프는 케이를 따라 입꼬리를 올렸다. 케이의 주장을 뒷받침할 근거는 아무리 연산을 돌려도 찾을 수 없는데, 빈약한 주장 하나만으로 긴장이 모두 풀렸다. 아프가 천천히 입을 떼었다.

"하나만 여쭤보고 싶습니다."

"네, 얼마든지요."

"케이 씨도, 꿈 때문에 고통받아 본 적 있으십니까?"

"없어요. 하지만 꼭 같은 경험을 해 봐야만 믿을 수 있는 건 아니니까요."

그런 뜻은 아니었노라고 설명하려 했으나 현관문이 열리는 소리에 아프는 말을 삼켰다.

돌아온 건 강 박사 혼자였다. 아프와 케이를 발견한 그의 표정이 달라졌다. 아프와 케이가 가깝게 붙어 있는 모습을 의아하게 여기는 듯했다. 아프는 밀회라도 들킨 것처럼 묘한 분위기에 무슨 말이라도 꺼내야 하는가 고민하며 잠시 망설였다. 그러나 케이가 아프를 지나쳐 강 박사에게 몇 걸음 다가서자 이내 망설임은 깨졌다.

"박사님, 아프 씨를 설득할 수 있으시죠?"

"그게 말이야, 너도 들었겠지만……."

강 박사가 말끝을 흐리며 소파에 자리를 잡았다. 아프를 맞이했던 자리였다. 강 박사는 유리병을 양손으로 집어 그대로 물을 몇 모금 마셨다.

"그 단속반원들이 해 준 이야기 때문에 일이 복잡해졌어."

"복잡해질 게 뭐가 있는데요?"

"우선은 그게 정말로 꿈이었냐는 거지."

"실제 사건이었어도 문제가 되나요. 아프 씨의 몸 어딘가에 더미 데이터가……."

"그것뿐일까?"

강 박사의 눈썹이 눈에 띄게 찌푸려졌다. 케이가 양손을 펼쳐 입을 가렸다. 그의 동그래진 눈이 여러 질문을 함축하고 있었다. 아프의 표정도 점차 굳어졌다.

"저를 의심하시는군요."

강 박사가 긴장을 풀기 위해 손바닥으로 얼굴을 한 번 쓸어내렸다. 찌푸린 표정은 그대로였다.

"당신은 정말 결백합니까?"

"그걸 알고 싶어서 여기 온 겁니다. 그렇지 않다고 한들 저를 설득한다고 하지 않으셨습니까?"

"당연히 저는 아프 씨가 살인을 하지 않았다고 믿습니다."

"어떤 근거로 그리 말씀하시죠?"

"그렇게 믿어야 안심이 되거든요. 살인자와 같은 공간에 있기란……."

강 박사가 어깨를 잠깐 움츠렸다가 축 늘어트렸다. 그가 가까이 오라고 손짓하자 아프가 그의 맞은편 소파에 앉았다. 케이가 곁눈질로 강 박사와 아프를 번갈아 바라보더니, 곧이어 강 박사의 뒤로 쪼르르 달려가 섰다. 아프가 눈을 질끈 감았다 뜨며 물었다.

"만일 그 믿음이 거짓이고 제게 정말 살인 전적이 있다면요?"

"적어도 그 진실이 밝혀지기 전까지는 안심할 수 있겠지요. 믿음이라는 건 때때로 과하게 꾸며지고 왜곡되지만 실상은 이런 겁니다. 아프 씨. '설득'의 사전적 의미를 검색해 보시겠습니까?"

아프가 곧 눈을 감고 강 박사의 명령을 수행했다. 안드로이드에게 인터넷에 있는 정보를 취득

하는 건 숨을 쉬는 것만큼이나 쉬운 일이었다. 아무리 구형 개체라고 할지라도 말이다. 아프는 체감상 몇 초 만에 눈을 뜨고 답을 내놓았다.

"상대편이 이쪽 편의 이야기를 따르도록 여러 가지로 깨우쳐 말함을 뜻합니다."

"제 목표는 진실을 찾는 게 아닙니다. 살인과 관계없다고 말하면서 당신을 안심시키는 것이지요."

"흔들리지 않을 수 있겠습니까?"

무슨 의미냐고 묻듯 강 박사가 눈을 몇 번 끔뻑거렸다. 케이가 아프에게 무언가를 말하려 했으나 아프가 더 빨랐다.

"제가 살인범이라는 게 진실로 드러난다면 박사님의 믿음은 무의미했던 게 아닙니까."

"알고 있습니다. 무언가를 믿기로 결정한다면 일이 잘못되었을 때 뒤따라올 배신감도 함께 각오해야 하는 법이니까요."

케이가 소파 앞으로 걸어 나오더니, 강 박사의 오른쪽에 쭈그려 앉아 그를 올려다봤다. 강 박사는 끝까지 아프만을 바라보다가, 케이가 그의 팔에 손을 슬며시 얹자 그제야 아래를 내려다봤다.

"배신당했다고 한들 믿었다는 사실까지 사라지는 것도 아니고요……. 응? 왜 그래?"

"그럼 아프 씨의 더미 데이터는 어떻게 된 걸까요? 왜 저분께 있는 거죠?"

강 박사가 천천히 고개를 저었다. 그의 눈빛에는 인자함이 가득했다.

"우리가 그것까지 알 수는 없어."

"실제로 있었던 사건이 맞기는 한 거잖아요."

"비슷한 사건일지라도 아프 씨의 더미 데이터와 관련된 게 아닐 수도 있지. 공통점이 몇 개 있다고 해서 무조건 같은 건 아니니까."

"그럼 없애 버려도 괜찮은 거네요. 저희가 직접 도와드려요!"

"그건 안 돼!"

케이가 몸을 일으키며 외치자 강 박사가 다급히 손을 뻗으며 반박했다. 아프는 몇 초 뒤 함께 난감한 표정을 짓는 두 사람을 번갈아 바라볼 뿐 끼어들지는 않았다. 강 박사는 시선을 케이에게 고정한 채 손을 천천히 내렸다.

"그러니까, 그…… 네가 뭘 하고 싶은 건지는 잘 알겠지만 우리에게는 기술적인 여력이 없잖

아. 그렇지?"

"네, 네! 작은 상담소에 전문적인 장비를 갖출 수는 없죠. 에헤헷."

갑자기 누군가가 현관문을 두드리기 시작했다. 바깥에서 들려오는 요란한 소리에 대합실 내의 세 사람이 동시에 현관을 쳐다보았다. 강 박사가 투덜거리며 소파에서 일어났다.

"또 누구야? 이번에는 경찰이어도 내쫓아 버려야지."

케이가 아프에게 손을 내밀었다. 한 번 더 안방에 숨어 있자는 의미였다. 아프가 그의 뜻을 알아채고 소파에서 일어남과 동시에, 바깥의 요란한 소리가 멈췄다. 현관문으로 걸어가던 강 박사도 걸음을 멈췄다.

잠시 후 문을 두드리는 대신 문고리를 덜그럭거리는 소리가 들리기 시작했다. 도어락은 해킹이 잦다기에 일부러 열쇠가 필요한 구식 문고리로 바꿔 달았는데, 이번 방문자는 물리력을 행사해 현관문을 열어 보려는 게 틀림없었다. 강 박사가 몇 걸음 물러나며 뒤를 쳐다보았다. 케이는 아프를 뒤로 숨기고 양팔을 벌리고 있었다. 빨리 들

어가라고 말하려 했으나, 강 박사의 입이 떨어지
지 않았다.
　바로 다음 순간에 문이 활짝 열렸다. 그 뒤에
는 두 사람이 서 있었다.
　"다시 한번 실례합니다!"
　단속반이었다.

“불심 검문입니다. 협조 좀요.”

강 박사의 앞에 우뚝 선 임 대원이 왼손을 쥐었다 펴며 경박한 어투로 말했다. 강 박사가 상황을 이해하기도 전에 최 대장이 후임의 앞으로 나섰다.

“이렇게 간단히 열리는 걸 애써 노크까지 했었군. 임 대원, 밀고 들어가.”

최 대장이 턱을 들어 올려 강 박사를 내려다보며 명령했다. 임 대원은 오른손에 쥐고 있던 낯선 도구를 손 안에서 빙글 돌렸다. 강 박사가 얼른 양팔을 벌렸으나 임 대원은 당황조차 하지 않고 예의 바른 미소를 지어 보였다.

“어르신, 아니지. 아무튼 협조 좀 해 주세요.”

“당신들 도대체 무슨 권리로 이러는 겁니까? 그, 그래, 경찰 신분증이라도 보여주십시오.”

“없을까 봐요?”

임 대원이 바코드 리더기처럼 생긴 도구를 왼손에 옮겨 쥐더니 바람막이의 안주머니에 오른손을 쑥 넣어 플라스틱 카드를 꺼냈다. 강 박사가 요구한 물건이었다. 카드 상단에는 임 대원의 증명사진이, 그 밑에는 이름 서너 자 대신 해괴한 일련번호가 새겨져 있었다. 강 박사가 무심결에 일련번호를 읊었다.

“I32C7H56.”

“제 이름을 알게 되었으니 속이 시원하시겠네요! 명하신 대로 했으니 지나갈게요.”

임 대원이 물 흐르듯 소리 없는 걸음으로 강 박사의 옆을 지나쳤다. 강 박사가 그를 따라 뒤돌자 어느새 다가온 최 대장이 강 박사의 팔을 세게 움켜쥐었다.

“우리는 범죄자만 잡아가니까 결백하면 가만히 좀 있어.”

“대체 뭘 근거로 이러는 겁니까?”

“그걸 찾는 게 우리 일이지.”

마땅한 대답을 찾지 못한 강 박사가 입을 꾹 닫았다. 가만히 있는 걸 인정으로 받아들인 모양

인지 최 대장은 순순히 강 박사의 팔을 놓아주었
다. 강 박사는 곧장 뒤를 돌아보았다.

아프와 케이는 소파 뒤로 물러나 임 대원과 대
치 중이었다. 아프는 양손을 어중간하게 들어 얼
굴을 가린 상태였고, 케이는 그의 바로 앞에서 팔
짱을 끼고 당당한 자세로 서 있었다.

케이의 이글거리는 눈빛으로 보아 쉽게 비켜
줄 것 같지는 않았다. 임 대원의 목소리에 난처함
이 가득 묻어났다.

"아가씨, 아니, 죄송해요. 성함을 몰라서…….
하여튼 지금 장난치는 거 아니니까 협조 좀 해 주
세요."

"여기는 박사님과 제 공간이고, 저희 둘 중 한
명이라도 허락하지 않은 이상 함부로 이러실 수
는 없어요."

당찬 케이의 선언에 강 박사는 속으로 함박웃
음을 지었다. 어쩌면 겉으로도 헤실거렸을지 모
른다. 임 대원은 양팔까지 허우적대며 케이를 설
득하려 애썼다.

"살인범을 잡지 않으면 아가씨랑 저 박사님이
위험하다고요!"

“살인범은 여기 없어요.”

“그걸 확인하러 온 거예요! 자꾸 이러시면 수사 방해로 입건할 겁니다!”

실랑이가 끝날 기미를 보이지 않았다. 최 대장은 허공을 향해 한숨을 푹 내쉬더니 큰 보폭으로 임 대원에게 다가갔다. 강 박사가 최 대장의 팔을 끌어안듯이 휘어잡았다. 그러나 최 대장은 팔에 강 박사를 매단 채로 어떤 불편한 기색도 없이 걸음을 이어갔다. 다행히도 발이 꼬인 강 박사가 넘어지기 직전에 최 대장이 임 대원의 옆에 멈춰 섰다.

최 대장은 팔을 세차게 흔들어 강 박사를 가볍게 떼어냈다. 그러고는 임 대원을 한 번 흘겨본 뒤 아프와 케이를 향해 시선을 던졌다. 임 대원이 물었다.

“저 아가씨는 안 수상하죠?”

“그건 남성형이었어. 저거한테는 볼 일 없다.”

“기계라면 몰라, 저거라니요.”

최 대장은 애써 대꾸하지 않고 성큼 앞으로 나섰다. 그가 케이의 어깨를 옆으로 꾹꾹 밀며 물러날 것을 요구했지만 케이는 다리에 힘을 주고 움직이지 않았다. 케이가 잔뜩 인상을 찌푸리며 물었다.

"대체 왜 이러시는 거예요? 뭘 근거로요?"

대답은 없었다. 케이가 끝까지 움직이지 않자 최 대장이 케이에게 몸을 바짝 붙였다. 어느새 둘의 어깨는 부딪힐 정도로 가까워져 있었다. 그 상태에서 최 대장은 앞으로 손을 쭉 뻗어 아프의 팔을 붙잡아 끌어당겼다. 순식간에 세 명의 몸이 얽히며 모두 중심을 잃고 조금씩 비틀거렸다. 사이에 끼어 버린 케이는 일어서지도 넘어지지도 않은 상태로 버둥거렸다. 그러나 최 대장은 그런 케이가 안중에도 없는 듯 아프를 더욱 세게 잡아당겼다. 아프의 팔이 당겨지며 그의 얼굴이 드러났다. 아프와 최 대장의 눈이 마주쳤다.

"……"

최 대장이 벌어진 입을 다물지도 못한 채 멍하니 아프의 얼굴을 바라보았다. 최 대장의 얼굴을 가만히 들여다보던 아프가 잔뜩 당황해 최 대장의 손을 거칠게 내쳤다. 그러나 최 대장은 재빠르게 상대의 멱살을 휘어잡았다. 그의 목소리는 거친 행동과 대비되도록 침착하고 서늘했다.

"나를 알아보겠어?"

먹살을 잡힌 아프가 버둥거리자 최 대장이 슬머시 손에 힘을 풀었다. 손아귀에서 빠져나온 아프가 비칠거리며 몇 걸음 물러나자, 그에게 기대고 있던 케이가 뒤로 넘어지고 말았다. 최 대장은 발치에 넘어져 있는 케이에게는 눈길 한 번 주지 않았다. 그저 아프를 차갑게 노려보며 그에게 아주 느린 걸음으로 다가갈 뿐이었다.

"나를 알아보겠냐니까?"

임 대원이 강 박사의 양쪽 어깨를 붙잡았다. 그의 손에 힘이 강하게 실리자 강 박사가 신음하며 몸을 비틀었다. 고통 어린 목소리가 들리지 않는 듯 임 대원의 시선은 오직 선임의 뒷모습만을 향했다.

"그 사람이 왜요? 그놈이에요?"

최 대장은 뒤돌아보지도, 대답하지도 않았다. 아프는 아까보다도 더 큰 두려움에 사로잡혀 연거푸 고개를 저었다. 같은 질문을 반복하는 최 대장의 목소리가 점점 갈라졌다.

"C43M18J13. ……응답해, 응답하라고!"

아프가 흠칫 놀라며 고개를 옆으로 숙였다. 케이는 일어서지도 못하고 멍하니 최 대장을 올려다보고 있었다. 임 대원이 강 박사의 어깨를 놓고 짧은 숨을 내쉬었다. 그와 동시에 최 대장이 아프에게 달려들었다.

아프는 최 대장을 미처 피하지 못하고 그와 뒤엉켜 세게 넘어졌다. 아프의 뒤통수가 바닥에 부딪히며 둔탁한 소리를 내었다. 최 대장이 양손으로 아프의 목을 움켜쥐며 이를 뿌득 갈았다.

"네놈이야, 네가 죽인 거야. 드디어 찾았다, 에스……!"

아프는 떨리는 눈동자로 최 대장을 올려다보며 숨을 헐떡거렸다. 머리가 뽑혀 나갈 것만 같았다. 아프가 다급히 최 대장의 옷깃을 붙들었으나 흥분에 사로잡혀 눈을 부라리는 최 대장을 막을 수는 없었다. 아프를 구한 건 임 대원이었다.

"진정 좀 하세요!"

임 대원이 양팔로 최 대장의 허리를 끌어안아 뒤로 당겼다. 최 대장은 아프를 향해 양팔을 휘저으며 소리 질렀다.

"여기서 죽여버리겠어!"

어깨를 감싸 쥐며 고통을 가라앉히던 강 박사는 고개를 흔들어 겨우 정신을 차렸다. 그는 우선 넘어진 케이를 일으켜 세운 다음 아프를 살폈다. 여전히 충격에서 헤어 나오지 못한 아프의 몸이 심하게 떨렸다. 케이가 아프의 상체를 일으켜 세워 앉히는 사이, 강 박사는 아프의 등을 연신 쓸어내렸다.

그사이 임 대원은 최 대장을 억지로 바닥에 앉히며 몇 마디를 속삭였다. 더 이상 난동은 부리지 않았지만 최 대장의 표정은 살벌하기 그지없었다.

아프를 케이에게 맡기며 강 박사가 임 대원을 쳐다보았다.

"방금 그건 뭡니까?"

임 대원은 가슴에 손을 얹고 심호흡하는 최 대장을 바라보고 있었다. 강 박사의 물음에 그는 고개만 살짝 틀며 도구를 오른손에 쥐었다.

"대답해 줄 테니까 비켜 봐요."

임 대원이 몸을 일으켜 아프에게 다가갔다. 그 모습을 본 케이가 팔을 들어 아프의 앞을 막았다. 그러나 강 박사가 손을 들어 케이를 말렸다. 임 대원은 긴 한숨을 내쉬며 도구를 아프의 이마에 가져다 대었다. 안드로이드 인식기라는 건데요, 라는 임 대원의 말이 끝나기도 전에 긴 기계음이 들렸다. 임 대원은 인식기의 화면을 힐긋 본 다음 최 대장을 돌아보았다.

"AF-193184라고 뜨는데요?"

"……주인은."

"안 떠요. 독립인가 봐요."

최 대장의 말이 이어지지 않자 임 대원이 아프를 보며 고개를 갸웃거렸다.

"이렇게 맹하게 생겨서는 자기 주인을 죽였다고?"

케이는 여차하면 달려들 기세로 임 대원을 노려보았다. 임 대원과 눈을 맞추던 아프는 격렬히 고개를 몇 번 저었다.

"저는 아무도 죽이지 않았습니다."

"너는 그냥 잘못했습니다, 하면 되는 거야. 분수를 알아야지."

임 대원이 왼손을 들어 아프의 이마를 검지로 쿡 찔렀다. 모욕적인 손짓에 아프가 눈에 힘을 실었지만 임 대원은 전혀 개의치 않았다.

"아무도 죽이지 않았다고."

최 대장의 목소리는 그리 크지 않았음에도 대합실 내의 모두에게 똑똑히 들렸다. 그의 시선이 꽂히자 아프가 저절로 그쪽을 향해 얼굴을 돌렸다. 그는 잠시 멍하니 최 대장을 바라보았다. 그러다가 잠시 뒤 여느 때보다 크게 놀라며 오른손을 들었다. 최 대장을 가리키는 손가락이 심하게 떨렸다.

"저, 저분……. 제 꿈에 나오신 분입니다."

강 박사가 아프의 손을 잡아채 끌어내렸다. 아프의 떨림이 팔 전체로 번지고, 강 박사의 손을 타고 흘렀다.

"당신의 꿈에 저분이 나왔다고요?"

"네, 방에 숨어 있던 저를 발견하신 분이에요. 뭐가 어떻게 된……."

아프가 강 박사의 손을 쳐내고 양손을 몸 가운데로 모았다. 무릎까지 끌어와서 둥글게 몸을 만 아프는 영락없이 두려워하고 있었다. 한편 최 대장은 감정이라고는 없는 서늘한 목소리로 반응했다.

"이제야 떠올려 주셨군."

최 대장의 태도는 충분히 위압적이었다. 강 박사는 떨고 있는 아프 앞에 자리를 잡고 섰다. 최 대장도 강 박사를 따라 무릎을 짚고 일어섰다.

"물러나라."

“방금 죽어 버린다고 하셨죠.”

케이가 한껏 힘을 주어 아프를 일으켜 세웠다. 그가 아프를 붙잡고 한 걸음 물러남과 동시에 강 박사가 턱을 들어 보였다.

“당장 나가 주셔야겠습니다.”

임 대원이 무심코 아프를 향해 손을 뻗었지만 섣불리 움직이지는 않았다. 대신 그는 최 대장을 곁눈질로 살폈다. 최 대장의 목소리는 조금 차분해져 있었다.

“저건 주인을 살해하고 도주한 살인 기계다. 여기 두었다가는 당신과 당신 조수도 무사하지 못 해.”

강 박사가 표정을 팍 찌푸리고는 풀었다. 명백한 거부였다. 염려를 빙자한 협박 따위로 물러날까보냐. ‘얼른 잡아가세요.’라고 하며 비켜줄 줄 알았다면 큰 오산이었다.

“무슨 근거로 그런 말씀을 하십니까?”

“이쪽으로 넘겨.”

“그럴 수는 없습니다.”

최 대장의 손이 허리춤에 붙었다. 그의 손을 눈으로 쫓은 강 박사는 온몸의 피가 차갑게 식는 기분에 얼어붙었다. 그가 잘못 본 게 아니라면 최 대장은 엄청난 짓을 저지르려 하고 있었다.

그만두라고 말하려던 순간 강 박사는 옆으로 세게 떠밀렸다.

이렇게 될 줄 알고 쏜 거겠지? 그런 거겠지?

임 대원은 최 대장의 손에 들린 권총과, 탄환이 박힌 팔을 부여잡고 주저앉은 여자와, 여자에게 밀려 넘어져 있는 강 박사를 멍하니 바라보았다. 권총에서 피어오르는 연기와 피 한 방울 흐르지 않는 여자의 팔이 말해주는 바는 분명했다. 여자가 기계였다는 사실도, 탄환이 발사되었다는 사실도 이해가 되었다. 그러나 단 하나, 이 아수라장에서 최 대장이 침착할 수 있는 이유는 도저히 모르겠다.

임 대원은 표정 없는 선임의 옆모습을 흘겨보았다. 제정신이 아니었다. '그 사건' 이후로 완전히 맛이 가 버린 게 틀림없었다. 아니, 솔직해져야 했다. 알고 있었다. 임 대원은 전부 예상하면서도 최 대장과 함께 움직였다. 이제 와서 몰랐다고 할 수는 없었다.

"눈썰미를 더 길러야겠군."

최 대장이 권총을 밑으로 내리며 임 대원을 향해 고개를 돌렸다. 뒷목이 바짝 당겼는지 임 대원이 오른손으로 목덜미를 감싸며 외쳤다.

"지금 그게 중요해요? 잠깐 안드로이드 좀 못 알아볼 수도 있지, 그것보다도 총을 쏘시면 어떡해요?"

임 대원이 쏘아붙였지만 최 대장은 대답하지 않았다. 선임에게 무슨 말버릇이냐는 질책도, 저도 모르게 쏴 버렸다는 변명도 없었다. 해서는 안 될 짓임을 잘 알면서도 쏘았다는 뜻이다. 임 대원은 몇 마디를 덧붙이고자 했지만 그의 품 안에서 치지직거리는 소리와 함께 무언가가 진동했다.

멍하니 숨을 헐떡이던 아프도, 총에 맞은 안드로이드를 살피던 강 박사도, 생각에 잠겨 있던 최 대장도 임 대원을 쳐다봤다. 임 대원은 쏟아지는 시선에 허둥대더니 품 안에서 구식 무전기를 꺼냈다.

"통신 좀……. 그렇게 쳐다보지들 마요."

임 대원이 황급히 모두에게서 멀어지며 무전

기의 버튼을 누르자 잡음이 멈췄다. 그는 무전기 너머의 목소리를 똑똑히 듣기 위해 무전기를 귀에 바짝 대었다.

"네, 이상 없습니다. 총성 신고요? 제가 여기까지 나와 있는 건 어떻게 아시고 저에게……. 어떻게 된 일이냐고요? 말하자면 좀 긴데요."

강 박사는 임 대원의 뒷모습에 잠시 시선을 두었다가 이내 최 대장에게 시선을 돌렸다. 임 대원이 무전기 너머에서 어떤 말을 들었길래 저리 쩔쩔매는지는 알 바 아니었다.

"이런 짓을 해도 된다고 생각하십니까?"

강 박사가 날카롭게 쏘아붙였다. 후임에게서 시선을 뗀 최 대장이 그를 쳐다보며 차갑게 응수했다.

"저 여자는 한낱 기계일 뿐이야. 외진 상담소에 갇혀 지내다 보니 같이 있는 게 사람인지 아닌지도 구분 못 하게 됐나?"

"사람의 형상을 한 것을 쏘는 데에 거리낌조차 없는 당신이 뭘 알아. 케이, 움직이지 마."

강 박사가 한 팔로 감싸 안았던 여성 안드로이드, 케이가 벌떡 일어나며 최 대장을 노려보는 눈에 힘을 실었다. 최 대장은 케이가 입을 열기 전에 얼른 행동을 취했다.

"갑자기 총을 쏜 건 사과하지. 너무 흥분해서 그만."

최 대장은 양손을 귀 높이까지 들어 올렸다가 그대로 손을 내려 뒷짐 지었다. 케이가 붙잡고 있던 상흔에서 손을 떼자 살구색 파편이 바닥에 후두둑 쏟아졌다.

"미안한 사람이 그렇게 사과를 성의 없이 하세요?"

"그럼 어떻게 해 줄까. 피해를 변상해 줄까? 아니면 나도 한 방 맞아 줄까."

"그런 의미가 아니었어요."

"복수가 뭔지 아나?"

갑작스러운 질문에 케이의 눈빛이 풀어졌다. 곧 그는 눈을 살며시 감고 잠시 생각에 잠겼다. 얼마 지나지 않아 눈을 뜬 그의 검지가 턱선에 닿았다.

"원수를 갚는다는 뜻이군요. 원한을 일으킨 상대에게……."

"이 자리에서 내 팔 한 쪽이 날아간다고 가정

해 봐."

"끔찍할 것 같아요."

"아니, 속이 시원해져야지."

케이가 고개를 연거푸 저었다. 임 대원이 무전을 끝내고 다가왔기 때문에 대화는 중단됐다.

"한 발 더 쏘면 가만 안 둔대요."

"그대로 뒤돌아서 나가 주시면 됩니다."

강 박사의 목소리가 끼어들었다. 그의 손가락이 현관문을 가리키고 있었다. 최 대장은 고개를 한 번 까딱였다. 분명한 거절이었다.

"저걸 넘기기만 하면 조용히 사라져 주지."

"죽이실 거잖습니까. 알면서도 넘길 수는 없습니다."

"저건 살인 기계야."

"사람을 죽인 건 '에스'라는 안드로이드죠?"

최 대장의 눈가가 꿈틀거렸다. 강 박사의 눈빛은 강경했다. 분명히 당신이 그렇게 말했습니다, 라는 의미가 말없이도 전달되었다.

"그래."

"하지만 당신들의 인식기는 저분이 'AF-193184' 라고 말하지 않던가요? 안드로이드의 호칭이라는 게 어떻게 정해지는지…….”

“결론만 말하지.”

최 대장은 총을 들지 않은 손으로 아프를 가리켰다.

“ES-907419. 그게 저놈의 진짜 제품명이다.”

갑작스러운 발언에 정적이 깔렸다. 케이가 강 박사를 슬쩍 쳐다보자 강 박사도 케이와 눈을 맞췄다. 갑작스러운 발언에 아프가 비틀거리는 몸을 바로 세우며 외쳤다.

“대, 대체 어떻게 하면 그런 결론이 나오는 겁니까?”

“기억 속에 내가 있었지, 분명히?”

“그건 기억 따위가 아닙니다. 제 것이 아니라고요!”

“마지막으로 제안하지. 자수한다면 최악은 면하게 해 주겠다.”

“거절하겠습니다.”

최 대장이 뒷짐을 완전히 풀었다. 그는 무심한 손길로 총을 고쳐 쥐고는 천천히 총구를 자신의 턱 밑에 가져다 대었다.

“서, 선배님!”

"그거 내려놓으세요!"

임 대원과 강 박사가 서둘러 외쳤다. 최 대장은 들어 올려진 턱으로 가만히 아프를 내려다보았다. 함께 그를 말리고자 했던 케이는 옆에서 들려오는 탄식 소리에 고개를 돌렸다. 아프가 멍하니 들어 올린 손이 눈에 띄게 떨리고 있었다.

"그만둬요."

아프의 눈빛과 목소리도 함께 떨리고 있었다. 케이가 다급히 아프를 성한 손으로 붙잡았지만 아프는 오직 최 대장만을 쳐다봤다. 왜 그러냐고 케이가 몇 번이나 물었지만 아프는 응답하지 않았다.

최 대장이 방아쇠에 손가락을 걸고 눈을 감았다. 그와 동시에 아프가 움직였다.

"안 돼!"

아프가 말릴 틈도 없이 최 대장에게 달려들었다. 그는 주저 없이 최 대장의 앞에 무릎을 꿇고 양손으로 바짓단을 붙들었다. 메마른 울음소리를 내며 애걸했다. 임 대원은 너무 놀란 나머지 아프에게서 시선을 떼지 못 한 채 몇 번 비칠거리며 물러났다. 아프의 목소리는 처절했다.

“내려놔요, 안 돼요! 당신이 죽도록 둘 수 없어, 제발!”

아프는 최 대장의 바짓단을 뜯어 버릴 기세로 움켜쥐었다. 힘이 잔뜩 실린 아프의 손이 간절함으로 떨렸지만 최 대장은 꿈쩍도 하지 않았다. 강 박사는 최 대장의 손가락을, 이미 방아쇠에 걸쳐진 손가락을 보았다. 조금만 힘을 주면 모든 게 끝날 것 같다는 생각을 채 마치기도 전에,

손가락이 방아쇠를 당겼다.

너무 많은 일이 있었다.

안드로이드가 인간을 살해했다는 연락을 받고 출동한 현장에서 곧바로 살인범을 발견했다. 이후 수사에서 배제된 건 안드로이드 단속반에 소속된 자로서 이해할 수 있었다. 범인을 직접 심문하지 못하고 조사실 밖에서 바라봐야만 했던 것도 받아들이기로 했다. 동료들에게 사건이 어떻게 진행되는지 물어볼 때마다 돌아오는 대답은 심히 축약되어 있었다. 그들이 사실 대신 위로를 건넬 때도 이해했다. 그러나 그들의 방심 탓에 살인범이 탈주했다는 소식을 전해 들었을 때는 더 이상 이해심을 발휘하고 싶지 않았다.

조사실을 비집고 들어갔더라면 직접 그 살인 기계의 목을 뜯어 버렸을 것이다. 그렇게 하지 않은 건 믿었기 때문이었다. 절차를 믿고 따르기만

하면 사건이 알아서 끝날 줄로만 알았다. 해결된 건 아무것도 없는데 미리 제출했던 사직서가 수리되고 나서야 자신이 지나치게 순진했음을 인정할 수 있었다.

그날 살해당한 게 전처라는 사실을 밝히지 말걸 그랬다. 섣부른 고백의 대가가 너무 크다.

몇 달 정도가 흘렀다. 최 대장이 공식적으로 단속반에서 쫓겨난 이후에도 수사는 진행되었다. 살인 기계를 붙잡기 전에는 포기할 수 없다며 손을 내민 임 대원 때문이었다. 경찰 내에서는 이미 끝난 사건을 독단적으로 파헤치면 중징계를 면할 수 없다는 경고에도 어리석은 후임은 포기하지 않았다.

한 번 도맡은 사건은 집요하게 물고 늘어지라는 게 선배님의 가르침이었잖아요, 당돌하게 발언하던 임 대원의 표정은 너무나 해맑았다. 그는 들키지 않게 조심하라는 선임의 경고를 새로운 수색대의 결성으로 받아들였다. 후회할 일을 계속해서 만들어 가는 느낌이었지만 최 대장에게는 다른 방법이 없었다.

입에 물고 있던 담배를 밑으로 내린 최 대장은 옆쪽에서 들려온 작은 소리에 시선을 틀었다. 그들 사이에는 얇은 유리 벽 뿐이었다. 임 대원이 평소보다 조금 큰 목소리로 말을 건넸다.

"오늘 밤 수색할 곳 미리 정리해 놨는데 봐 주세요."

흡연 구역의 유리 부스를 주먹으로 통통 두드리던 임 대원은 뒤이어 왼손의 메모 패드와 오른손의 캔 커피를 흔들어 보였다. 부스에서 걸어 나온 최 대장은 눈을 질끈 감고 숨을 참는 임 대원의 모습에도 아랑곳하지 않고 메모 패드를 뺏어 들었다.

"그때 따님이 전화를 건 덕분에 수사망이 훨씬 좁혀졌어요."

임 대원의 언급에 최 대장은 며칠 전, 폭우가 쏟아지던 날 밤에 걸려 온 전화를 떠올렸다. 성인이 되자마자 집을 떠났던 딸이 몇 년 만에 걸어온 전화에서 기억해야 할 내용은 많지 않았다. 중요한 말은 '엄마에게 선물했던 안드로이드를 찾았다.'라는 내용과 '방전된 안드로이드를 재충전시켜 내쫓았다.'라는 내용뿐이었다. 나머지는 온통 최 대장의 호통과 딸의 울분이었다. 아빠가 아무 것도 알려 주지 않았기 때문에 살인 기계를 켜서 살인 사건의 전말을 들어야만 했다고? 생각할수 록 치가 떨렸다.

임 대원이 끼어든 덕분에 최 대장은 꼬리를 물 던 회상에서 깨어났다.

"덕분에 단서를 쫓는 게 엄청 쉬웠어요. 앞으 로는 길가에 방전된 안드로이드가 있다고 주워 와서는 안 된다고 일러둬야겠지만요. 얼굴을 알 았나 보죠?"

"구입할 때 가족 다 같이 있었으니까."

임 대원이 최 대장의 눈치를 살피며 캔 커피를 내밀었다. 최 대장은 캔 커피를 열고, 식은 커피 를 몇 모금 쭉 들이켰다.

"기계 따위를 이혼 선물로 주는 게 아니었어."

"에이. 이미 벌어진 일인데요, 뭐!"

임 대원이 일부러 환하게 웃으며 주먹을 쥔 채 엄지손가락을 폈다. 최 대장은 대책 없는 발랄함 에 그저 커피를 몇 모금 더 마실 뿐이었다. 임 대 원이 헤실거리며 덧붙였다.

"잘 해결하는 게 중요하죠! 그래서 제가 옆에

있는 거고요! 중요한 단서도 생겼으니 잡기만 하
면 되잖아요."

이제 갓 성인이 된 딸보다 조금 더 나이가 많
을 뿐인 임 대원의 무모함에 기가 막혔다. 바로
저 대책 없는 추진력 덕분에 수색을 이어갈 수 있
기도 하다만 마음 한구석이 불편했다. 최 대장은
몇 모금 만에 비운 캔을 쓰레기통에 던져 넣었다.

통화를 끊기 전 딸이 마지막으로 했던 말이 스
쳐 지나갔다. 그동안 엄마가 아빠를 어떻게 생각
했는지도 말해 줬어, 라고 했던가. 부질없는 생각
이었다. 죽은 사람 심정을 알아봤자 뭐 한다고.

"후회하지 않을 자신 있나?"

최 대장이 임 대원의 가슴팍에 메모 패드를 들
이밀며 물었다. 임 대원이 양손으로 패드를 받으
며 존경하는 선임과 눈을 맞췄다.

"후회 안 해요. 들키지 않게 진짜 잘 할게요.
저도 단속반에서 잘리기는 싫으니까요."

"그런 곳에서 계속 일하고 싶어하는 녀석은
처음 보는군."

"간단하잖아요. 인간 싸움에 휘말리면 사정이
니 배경이니 하는 걸 다 따지고 들어가야 하는데,

기계는 아니니까요. 저는 단순한 정의가 좋아요."

임 대원이 왼손을 들어 천천히 주먹을 쥐었다 폈다. 그는 허공을 보며 말을 고르고는 다시 최 대장을 바라보았다.

"그보다 저희요, 범인을 붙잡으면 축하 파티라도 여는 거 어때요? 지금 몇 달째 고생하고 있잖아요! 잘 아는 술집이 있거든요. 제가 거하게 쏠게요. 거기 안주가 진짜……."

해맑게 웃으며 머릿속에서 만찬을 늘어놓는 임 대원의 모습이 우스워 최 대장도 희미한 웃음을 흘렸다. 흐뭇해지는 상상이기는 했지만 그런 행복은 임 대원의 몫이지 더 이상 최 대장의 몫이 될 수는 없었다.

아마 파티를 여는 일은 없을 거라고, 최 대장은 새어 나오려는 말을 삼켰다.

최 대장의 총에서는 틱, 하고 김이 새는 소리만 들려올 뿐이었다. 누구도 죽지 않은 대합실에 싸늘한 정적이 내려앉았다. 아프가 매달린 자세 그대로 허탈하게 중얼거렸다.

"처음부터 비어 있었습니까?"

최 대장이 총을 허리춤에 꽂았다. 그의 눈빛은 공허하기 그지없었다. 곧이어 그의 입에서 눈빛만큼이나 텅 빈 목소리가 흘러나왔다.

"비어 있었지."

"……"

"죽도록 둘 수 없어? 어이가 없군. 내 아내는 그 손으로 죽여 놓고 뭐가 어째?"

아프의 손이 최 대장의 바지를 놓고 미끄러져 바닥에 툭 떨어졌다. 최 대장은 임 대원을 쳐다보며 턱짓으로 아프를 가리켰다. 최 대장의 시선에

겨우 정신을 붙든 임 대원의 목소리에는 힘이 없었다.

"괘, 괜찮으세요? 저는 진짜로 쏘시려는 줄 알고……."

"제가 아닙니다!"

아프가 무릎을 세웠지만 이내 다시 주저앉으며 소리쳤다. 최 대장의 표정에는 변화가 없었다. 아프가 손바닥으로 가슴을 탁탁 두드리면서 호소했다.

"방금 달려든 건 제가 아니에요! 몸이, 이 몸이 멋대로 움직인 것뿐입니다!"

"누가 봐도 스스로 달려온 것 같은데."

"제 의지가 아니었습니다. 생면부지의 당신을 구할 이유 따위는 없어요."

"하지만 그렇게 했지. 내게 달려와서, 앞에 무릎을 꿇고, 제발 쏘지 말라고 빌었잖아."

최 대장이 한쪽 무릎을 꿇고 앉아 아프와 눈높이를 맞췄다. 케이의 왼팔을 박살 냈던, 최 대장의 머리를 터트릴 줄 알았던 총구로 최 대장은 아프의 오른쪽 볼을 툭툭 쳤다.

"주인을 너무 늦게 알아보는군."

최 대장이 권총을 고쳐 쥐었다. 총구를 똑바로 쥔 그의 주먹이 빠르게 아프의 관자놀이를 강타했다. 아프는 반항할 새도 없이 옆으로 쓰러졌다. 돌연 임 대원이 양팔을 휘저으며 최 대장과 아프의 사이를 가로막았다.

"선배님, 선배님! 이러면 제 입장이 곤란해진다고요! 저희가 체포하러 온 거지, 무슨 불량배 행세하려고 왔어요?"

"임 대원. 내가 한 번이라도 에스를 체포하겠다고 말한 적이 있던가?"

"어, 그렇게 물어보신다면 그게⋯⋯."

임 대원이 눈동자를 쉴 새 없이 굴렸다. 그런 말씀을 했었던가, 아닌가. 최 대장은 아무 말도 덧붙이지 않았다. 하지만 이번 작전의 목표가 체포가 아니라면 뭐란 말인가. 체포가 아니라면 선배님의 목적은 뭘까. 순간 등골이 서늘해진 임 대원이 고개를 틀며 외쳤다.

"좀 도와줘요! 여기 안드로이드 하나 박살 나게 생겼어!"

임 대원이 쳐다본 사람은 다름 아닌 강 박사였다. 최 대장은 후임을 말리기는커녕 방금 쓰러

트린 아프조차 보고 있지 않았다. 총구를 쥐고 꿇어앉은 자세 그대로 허공을 보며 생각에 잠겨 있었다.

지금 상황이 황당하기도 하면서 짜증이 이만저만이 아니었던 강 박사가 지끈거리는 이마를 손으로 짚었다. 솔직히 말해서 됐으니까 다 나가 버리라고 소리 지르고 싶은 심정이었다. 하지만 아프를 구해야 했다. 지금 이 순간 강 박사에게 주어진 것 중 가장 큰 의무였다.

"어, 어떡하죠, 박사님?"

여전히 충격에서 헤어 나오지 못 한 케이가 떨리는 목소리로 물었다. 그는 바닥에 쓰러져 몸을 떨고 있는 아프에게서 시선을 떼지 못하고 있었다. 강 박사는 그 어느 때보다도 침착한 목소리로 답했다.

"괜찮아, 케이. 우리는 이미 답을 내렸잖아."

"저희가요?"

"그래. 아프 씨의 더미 데이터가 오작동한 것뿐이야."

강 박사가 천천히 최 대장을 향해 걷자 케이가 그 뒤를 따랐다. 최 대장은 다가오는 강 박사에게 시선을 고정한 채 천천히 일어섰다.

"오작동?"

"우선 진정하신 다음에 말씀드리겠습니다. 총으로 맞고 싶지는 않아서요."

"진정됐으니 말해 보시지."

최 대장이 뒷짐을 지며 강 박사에게 시선을 내리꽂았다. 강 박사는 오른손을 들어 엄지와 검지로 턱선을 천천히 쓸기 시작했다.

"제 이론은 이렇습니다. 결론부터 말하자면 아프는 에스가 아닙니다. 에스라는 안드로이드는 탈주한 후 신변을 모르죠?"

"여전히 실종 상태지."

"줄곧 도망만 다녔다면 에너지를 얻지 못하고 진즉 방전되었을 겁니다. 길거리에 쓰러져 있는 안드로이드들은 보통 수거되어 폐기 처분이 되고는 하죠. 요즘은 기재가 부족한 탓에 신분 확인도 하지 않고 무조건 폐기해 버려서 문제가 많다고 들었습니다."

"결론은?"

"그렇게 폐기된 에스의 부품이 아프를 제작할 때 사용된 겁니다. 신분만 제대로 확인했다면 재

사용되지 않았을 테지만요. 어쨌든 저는 아프에게 들어간 부품에 에스의 더미 데이터가 남아서 지금 같은 오류를 일으키지 않았나 생각합니다.”

“그러니까, 이미 에스는 죽었으니 무의미한 짓은 그만두라 이 말인가?”

“스스로 깨우쳐 주시다니 더없이 감사할 따름입니다.”

최 대장의 표정이 굳었다. 그 모습을 본 임 대원이 최 대장과 강 박사의 사이를 가로막았다. 양팔은 든 그의 얼굴은 강 박사를 향해 있었다.

“일리 있는 말이기는 한데……. 근거도 있는 거겠죠?”

“일단 이론입니다.”

“당장 선배님을 진정시킨 건 좋은데 저는 저 녀석이라도 체포해야 한다고요.”

그러던 중 갑자기 임 대원의 몸이 왼쪽으로 획 기울어졌다. 곧이어 힘차게 들어 올렸던 그의 왼팔이 힘없이 축 늘어졌다. 잔뜩 당황해 오른팔로 왼팔을 들어 올리려 하는 모습이 애처로우면서도 수상쩍었다. 생각할 새도 없이 임 대원의 왼팔을 살살 받치던 강 박사가 퍼뜩 임 대원을 쳐다봤다.

"굉장히 무겁군요."

"뭐, 계속 뺑뺑이 돌고 오늘도 철야였으니까요……"

"당신도 안드로이드입니까?"

"사이보그예요! 허, 참. 진짜 어이가 없네. 안은 멀쩡하거든요? 정확히 말하자면 이쪽부터 해서……"

임 대원이 멀쩡한 오른손으로 가슴팍을 더듬거리자 최 대장이 그만두라고 쏘아붙였다. 케이는 미동도 없는 임 대원의 왼팔을 신기하다는 듯 바라보다가 이내 자신이 내놓을 수 있는 최선의 제안을 던졌다.

"에스에 대해 더 자세히 말씀해 주신다면 이분의 팔도 충전시켜 드릴게요."

"충전해 주는 건 고마운데 에스는 왜요?"

"함께 고민하고 싶어서요."

"거 고맙네요, 정말."

최 대장은 여전히 쓰러진 채 떨고 있는 아프를 곁눈질했다. 당장 총을 재장전해 방아쇠를 당기기만 하면 모든 게 끝나지 않을까? 하는 김에 탄환을 하나 더 장전하면 완전히 다 끝내 버릴 수도 있었다. 불필요한 생각이 더 이어지기 전에 최 대장은 케이에게 시선을 돌렸다. 처음부터 케이의 시선은 그를 향해 있었다.

"내 복수를 언제까지 미룰 셈이지?"

"잘은 모르겠지만, 복수는 이런 게 아니라고 생각해요. 제가 총에 맞았다고 해서 당신도 총에 맞기를 바라는 건 옳지 않잖아요."

"잘 생각해 봐. 만약 그 탄환이 저 박사님의 이마에 맞았더라면……."

"……."

"그때는 정말로 내가 죽는 모습을 봐야 하지 않겠어?"

놀란 케이가 어깨를 움츠렸다. 그 모습을 본 강 박사가 케이의 어깨를 붙잡아 뒤로 살짝 당겼다.

"이제 됐습니다. 결론만 말해 주십시오. 거래할 겁니까, 말 겁니까?"

"거래에 응하겠다. 다녀와."

임 대원이 고개만 뒤로 돌려 알겠다고 답했다. 케이가 임 대원과 함께 안방으로 스르륵 들어갔다. 강 박사는 두 사람의 모습이 커튼 뒤로 완전히 사라질 때까지 눈을 떼지 않았다. 저 안에서 케이가 잘 해내기를 바라는 수밖에 없었다.

"조수를 각별히 아끼더군."

최 대장이 던진 말에 강 박사가 한층 가벼워진 목소리로 답했다.

"딸 같은 존재입니다."

"나도 딸이 하나 있어."

최 대장은 한 걸음 강 박사에게 다가섰다. 그는 상대방이 물러나도록 내버려 두지 않고 곧바로 손에 쥐고 있던 물건을 내밀었다. 권총이었다.

"이런 걸 줘도 됩니까?"

"담보로 맡기지."

"안심이 되는군요."

"가지고 있다가는 홧김에 저걸 쏴 버릴 것 같거든."

강 박사와 최 대장이 동시에 아프를 향해 고개를 돌렸다. 어느새 아프는 바닥에 앉아 최 대장을 올려다보고 있었다. 언제부터였을까? 혼자 상황을 정리하고 있었을까? 강 박사가 괜찮냐는 질문을 던지기도 전에 아프가 입을 열었다.

"제가 당신 손에 죽는다고 뭐가 달라집니까?"

"죽여 봐야 알 것 같은데."

최 대장이 바람막이의 안주머니를 뒤지더니 담뱃갑과 라이터를 꺼냈다. 강 박사는 괜찮다는 뜻으로 고개를 끄덕였다. 최 대장이 담배 한 개비를 입에 물고 라이터로 불을 붙였다. 그 모습을 가만히 보던 강 박사는 아프의 옆으로 다가갔다.

"괜찮으십니까? 제가 적극적으로 말렸어야 했는데."

"그런 말씀 안 하셔도 됩니다. 갑작스러운 일이었어요."

아주 이성적인 반응에 강 박사가 자세를 고쳐 완전히 주저앉았다.

"묻고 싶은 게 있습니다."

"뭐죠?"

"그, 이런 곳을 찾아오면 안 되겠다는 생각은 없었나요? 아니면, 평생 혼자만의 비밀로 감춰놓고 살아야겠다는 생각이나……."

아프의 옆에 무릎을 세우고 앉은 강 박사는 방금의 질문이 너무 인간적이었나 싶어 괜한 헛기침을 했다. 잠시 말이 없던 아프가 천천히 입을 열었다.

"고민은 많았습니다. 꿈을 꾸었던 첫날엔 단

순한 악몽이라고 생각해 잊었습니다. 그다음에도 같은 꿈을 꿨을 때는 제대로 잊어버리지 못했나 싶어 재차 잊었습니다. 셋째 날부터 뭔가 이상했습니다……."

"그때부터 패턴의 반복이 유의미해졌군요."

"같은 꿈이 한 장면도 달라지지 않고 매일 반복되었습니다. 차라리 제가 죽는 꿈이었다면 이렇게까지 괴롭지 않았을 테지만, 제 손에 몇 번이고 죽는 어머니를 무시하기란 쉽지 않더군요."

"당신은 처음부터 사람을 죽였다고 제게 말씀하셨죠?"

아프가 고개를 끄덕였다. 강 박사의 질문이 이어졌다.

"왜 악몽이라고 말하지 않으셨습니까?"

"고백은 확실해야 하니까요."

고백에는 질문이 뒤따른다. 제가 사람을 죽였습니다. 저는 어떻게 해야 하죠? 고백하는 사람들은 모두 해답을 갈구한다. 어떤 해답이라도 상관없었던 걸까.

"첫 마디로 모든 게 결정될 거라고는 예상 못 하셨나 보군요."

“했습니다. 많은 가정을 세웠습니다. 제 꿈이 정말로 단순한 꿈일 경우, 꿈이 오류였을 경우, 정말로 제게 뭔가가 있을 경우…… 그래서 처음 박사님께서 ‘가능성’을 제시해 주셨을 때 기뻤습니다.”

“정말로 당신에게 뭔가가 있을 경우를 가정하신 이후에도 상담을 받아야겠다고 결정하셨다고요.”

질문이라기에는 힘이 없었다. 강 박사를 바라보던 아프의 눈이 한 번 깜빡였다.

“박사님. 일이 이렇게 될 줄 알았더라면 저는 이곳을 찾아오지 않았을까요? ……아니요, 제 예상이 맞는지 확인하기 위해 어떻게든 찾아왔을 겁니다.”

“……”

“알고 싶었습니다. 말씀드렸지요. 이유라도 알고 싶다고.”

인기척이 느껴져 강 박사가 고개를 들었다. 최 대장이 바지 주머니에 양손을 찔러넣은 모습으로, 강 박사와 아프를 무심히 내려다보고 있었다.

“나도 알고 싶군.”

최 대장의 다리가 강 박사의 등 뒤를 아슬아슬하게 스쳐 지나갔다. 그는 아프의 양 겨드랑이에 손을 끼워 넣고 그를 벌떡 일으켜 세웠다.

"나도 많은 게 알고 싶어."

급하게 뒤돈 아프는 무슨 말이라도 하려 입을 떼었지만, 아무 감정이 없는 최 대장의 눈동자를 마주하고는 도로 입을 닫았다.

최 대장은 입술에 담배를 문 채 소파에 앉았다. 현관문을 등지는 자리였다. 때마침 케이가 임 대원과 함께 안방에서 나오자 강 박사가 그 기척을 가장 먼저 알아차렸다.

"충전은?"

"완벽해요."

케이가 양팔을 등 뒤로 감추며 웃어 보였다. 한편 임 대원은 강 박사가 가진 총을 가지고 소스라치게 놀랐다.

"그, 그, 그거 뭐예요?"

"당신 상관이 제게 줬습니다. 거래의 담보라더군요."

"발포만으로도 혼났는데 일반인에게 총을 준 게 들키면……"

임 대원의 안색이 창백해졌다. 그는 선임의 손짓 한 번으로 불길한 예감을 대충 지우고 몸을 움직였다. 임 대원이 최 대장의 뒤에 서는 사이, 케이가 아프와 함께 아직 비어 있는 소파의 뒤에 섰다. 강 박사는 줄곧 주저앉아 있던 아프에게 자리를 양보하고자 했지만 아프는 고개를 저었다.

"여기는 박사님의 자리니까요."

담배꽁초를 발견한 케이가 얼른 재떨이를 가져와 원탁에 두자 최 대장이 재떨이에 꽁초를 내려놓았다.

"설명을 해 달라고 했지."

최 대장은 담배를 한 개비 더 꺼내 입에 물고 불을 붙였다. 허공을 향한 그의 시선에서 어쩌다가 이렇게 됐는지 모르겠다는 식의 체념이 엿보였다.

"피해자, 50대 여성. 피의자는 반려용 안드로이드. 제품명 ES-907419."

최 대장의 시선은 아무에게도 닿지 않고 이리저리 옮겨 다녔다. 누구의 얼굴도 보고 싶지 않은 듯했다. 강 박사는 상체를 앞으로 숙이며 이야기에 집중하고 있다는 뜻을 내비쳤다.

"피해자는 피의자의 소유자였고요. 그렇죠?"

"이혼 선물로 내가 사 줬지."

"그럼 당신이 먼저 사용했다가 권리를 아내분께 넘긴 겁니까?"

"구매하면서 주인으로 등록해 뒀을 뿐이야. 그때만 해도 가족 모두가 주인이었지. 나도, 아내도, 딸도. 우선순위 같은 건 의미 없었어. 그런데 안드로이드와 단둘이 살게 되더니 나와 딸의 존재를 지워 버리더군."

"왜 그랬을까요."

"고립되고 싶었겠지, 아마."

대화가 쌓이며 최 대장의 적개심이 풀어지는 게 느껴졌다. 처음 듣는 사정이었는지 임 대원도 그의 옆에서 귀를 쫑긋 세우고 이야기에 집중하고 있었다. 한편 아프는 소파를 쥐어뜯을 듯이 붙잡고 있었다. 케이가 그의 손을 감싸 쥐었다. 아프가 케이를 안심시키기 위해 웃어 보였지만 케이는 손을 거두지 않았다.

최 대장이 중간쯤 탄 연초를 들어 재떨이 위에 재를 털었다.

"아까도 이야기했지만, 에스는 하루아침에 돌변해 주인을 살해했어. '어머니'라고 불러대며 개처럼 따르던 내 아내를. 살인 동기조차 밝혀내지 못했지."

최 대장은 아프를 올려다보았다. 그는 입을 굳

게 닫은 채로 최 대장을 바라보고 있었다. 그 눈빛에는 상대에게서 시선을 떼지 않겠다는 결심이 서려 있었다. 최 대장이 아주 잠시 아프에게 향했던 시선을 거두고 말을 이었다.

"칼로 세 번을 찔렀지. 도주하지 않고 방 안에 숨어 있었고. ……또 무엇을 이야기해야 할지 모르겠군."

최 대장의 마지막 중얼거림에 강 박사의 집중이 흐트러졌다.

"편하게 말씀하시면 됩니다."

"나머지는 이미 말한 것들뿐이다. 나는 현장에 들어가지도 못했고, 범인의 얼굴조차 나중에 알았어. 나보다 더 잘 이야기해 줄 놈이 저기 있잖아."

아프의 눈살이 찌푸려졌다. 지금 최 대장에게 아프는 용의자이면서, 전처를 살해하고도 아직 죗값을 치르지 않은 안드로이드일 뿐이었다. 아프가 눈을 질끈 감았다가 뜨며 물었다.

"제가 무슨 말을 하든 들으실 겁니까?"

"어디 한 번 해 봐."

"제가 그 안드로이드라고 확신하는 이유가 뭡

니까? 당신의 그 미성숙한 자살 시도를 막은 것 때문에요? 지금 제가 무슨 말을 하든 그걸 바탕으로 저를 체포할 근거를 내세우실 거잖습니까. 당신이 원하는 건 그것뿐이니까요."

증언을 거부하는 건 합리적인 판단이었다. 최 대장이 양쪽 볼이 움푹 파일 정도로 연초를 빨아들이자 그 끄트머리가 빠르게 타들어 갔다. 임 대원이 팔짱을 끼며 슬쩍 끼어들었다.

"웃기지도 않지. 아까 우리가 사건 설명을 쭉 해 줬을 때 박사님이 어떻게 했는지 알아? 말하지 않은 부분도 정확히 짚어내더라니까. 나 진짜 깜짝 놀랐어. 그걸 다 누구에게 들었을까?"

"그게 저라는 겁니까?"

"적어도 네가 에스와 관련이 있다는 건 부정 못 해. 그리고 더미 데이터니 뭐니 해도 네 안에 그 기억이 있기는 하다는 거잖아."

아프는 몇 번이나 입을 달싹거리며 말을 골랐다. 그는 여전히 손을 잡아 주는 케이를 바라보고는, 다시 임 대원에게 시선을 돌렸다.

"저분의 일련번호와 에스의 제품명을 들었을 때 활성화된 데이터가 몇 개 있습니다. 어떻게 연결 지어야 할 지는 확실치 않지만 꿈의 연장선은 확실해요."

케이가 아프를 살짝 올려다보며 물었다.

"애초에 아프 씨께 있는 기억이 에스의 기억은 맞나요?"

"맞을 겁니다. 저는, 아니 에스는 '어머니'를 죽였고, 같은 상처를 세 번 연속으로 찔렀죠. 도주할 용기가 없어서 방에 숨어 들어간 것도 일치하고요. 에스는 어머니와 단독 주택에 살면서 그분의 모든 생활을 관리했습니다. 밖으로 나가고 싶어 하지 않으셨거든요."

케이와 최 대장을 번갈아 바라보던 아프가 후, 하고 숨을 내쉰 후 입을 열었다.

"정정하고픈 게 있습니다. 당신들의 주장에 신빙성을 더할 뿐이겠지만 주체가 안 되는군요."

재떨이에 담배를 비벼 끄던 최 대장이 시선만 들어 올려 아프를 노려봤다.

"새로운 게 좀 떠올랐나 보군."

"아까 '돌변한 계기'라고 하셨습니다만, '에스'는 오류를 일으킨 것도 아니었고 변심한 것도 아니었습니다. 차라리 그때만큼은 변심해서 명령을 거부했더라면 비극은 없었을 텐데요."

"뭐?"

"그는 단지 어머니를 기쁘게 해 드리고 싶었습니다."

최 대장이 재떨이라도 내던질까 봐 긴장하고 있던 강 박사는 오히려 최 대장이 상심한 얼굴로 몸에 남아 있던 모든 긴장을 풀자 그 모습에 놀라 딸꾹질을 했다. 강 박사가 말아 쥔 주먹을 입에 대고 딸꾹질을 삼키는 사이 최 대장은 헛웃음을 흘렸다.

"기쁘게?"

"그분은 에스와의 사랑을 바라셨으나 아무에게도 이해받지 못하셨습니다."

"당연하지……."

"외로운 세상에서 살아갈 용기가 없으셨죠. 그래서 내부 파일을 뜯어고친 겁니다. 주인을 비롯한 인간을 절대 해치면 안 된다는 명령어가 이미 있었는데! 어머니가 그것마저 지워 버리고 칼을 쥐여 준 겁니다."

"……"

"그분께서는 에스가 절대로 당신을 따라 죽으

면 안 된다고 당부하셨습니다. 확실히 끝을 내고 싶으셨겠지요. 에스는 세 번을 찌르면서도 그분께 많은 상처를 입히고 싶지 않아서…….”

“하하하하!”

최 대장이 돌연 웃음을 터트리자 아프의 말이 끊겼다. 아프는 억지로 말을 잇는 대신 옆의 케이를 쳐다봤다. 케이가 아프의 팔을 끌어안고 있었다. 아프를 향하던 그의 시선이 잠깐 최 대장을 향했다. 하지만 케이는 이내 아프를 향해 고개를 돌리며 눈을 질끈 감아 버렸다.

“그것 때문에? 고작 그딴 이유로?”

최 대장이 양손으로 얼굴을 덮었다. 우는 건지 웃는 건지 확언할 수 없는 그의 목소리에, 대합실에 있는 모든 이가 숨을 죽였다. 이 순간 최 대장은 살인 기계를 쫓아온 단속반원이 아니라, 적지 않은 시간이 흐르고서야 자신의 아내가 살해당한 진짜 이유를 알게 된 유족이었다.

오래 지나지 않아 최 대장은 손을 내렸다. 입꼬리는 올라가 있었는데 눈시울은 붉었다. 그의 눈빛에 더 이상 공격성은 없었다. 그가 손등으로 입가를 훔치자 방금까지 선명했던 그의 감정이 일순간 지워졌다. 목소리에도 슬픔은 없었다.

"꼴사나운 모습을 보였군. 자, 이제 중요한 이야기를 해야지."

"어떤 거죠?"

강 박사의 질문 아닌 질문에 최 대장이 턱을 들어 올렸다.

"내가 말하지 않았나. 저 아프라는 녀석이 곧 에스라고."

"그 말씀을 이해하기 위한 자리였죠."

"저 녀석은 사건의 모든 걸 알고 있지."

"에스의 더미 데이터를 가지고 있으니까요. 이유는 모르지만."

"설마 완전히 별개의 안드로이드인 AF-193184가 우연히 ES-907419의 살인을 모두 주워듣고 저렇게 행동한다고 생각하는 건 아니겠지? 아프라는 개체가 에스의 기억을 기반으로 데이터를 쌓아온 건 확실해. 살인의 기억만 숨겨 놓은 게 수상하지만 저 녀석이 살아온 과정에서 에스의 기억이 영향을 끼치지 않았을 리 없어. 둘은 별개의 인격이 아니야, 박사 양반."

강 박사는 심호흡으로 마음을 가라앉히며 생

각했다. 아프에게 이 사건은 단순한 꿈 이상도 이하도 아니었다. 에스의 기억을 기반으로 살아오기는커녕 그것을 자신의 기억으로 여기지도 않았다는 의미다.

그저 데이터일 뿐이다. 다 지워지지 않은 에스의 데이터가 아프의 부품 어딘가에 남아 있을 뿐이지, 그것은 아프의 일부조차 될 수 없었다. 그의 인격이 처음 생성될 때부터 에스의 데이터가 간섭했을 가능성도 없었다. 만일 그랬다면 이렇게까지 아프가 혼란스러워하지는 않을 테니까. 결론은 분명하다. 아프와 에스는 완전히 별개의 인격이다.

문제는 그걸 어떻게 증명하고 설명하냐는 것이었다. 그때 돌연 임 대원이 손을 번쩍 들었다.

"궁금한 게 있는데요."

시간을 벌 겸 강 박사가 말해 보라고 손짓했다. 임 대원은 곧장 반응하지 않고, 최 대장이 그를 올려다보며 턱을 까딱 들어 올리고 나서야 말을 꺼냈다.

"사건은 이제 다 이해가 됐는데요. 보자, 아프? 아니, 에스라고 불러야 하나. 하나만 물어보

자. 너 대체 어떻게 도망쳤던 거야?"

"저의 제품명은 AF-193184입니다."

"우리 단속반이 멍청이들도 아니고, 체포할 때 추적기도 붙여 놨는데 대체 왜 놓친 거지? 뭐, 물론 중간에 신호가 두 번이나 끊기기는 했지만."

"글쎄요."

"그래도 첫 번째 방전까지는 경과를 파악했는데, 두 번째로 신호가 끊긴 다음에는 다시 켜지지도 않아서 완전히 애먹었어."

"결론이 뭐죠?"

"첫 번째 끊겼던 신호가 다시 들어온 이후부터 두 번째로 신호가 끊기기 전까지 대체 무슨 일이 있었는지 알고 싶어."

"제가 그걸 알아야 여러분께 유리하겠네요."

"그렇게 되는 거야?"

그렇게 되겠군요, 강 박사가 가벼운 투로 대답했다. 임 대원은 질문 방식이 완전히 잘못되었다는 걸 뒤늦게 깨닫고 입을 꾹 다물었다. 아프는 잠시 눈을 지그시 감더니 이내 눈을 뜨며 답했다.

"그 기억은 없군요. 에스의 데이터는 사건 당시가 전부입니다."

“진짜야?”

“네, 사건 당시와 날짜를 알 수 없는 파편적인 기억만 존재합니다.”

“우리 입장에서는 네가 사건만 알아도 충분히 수상하거든. 그 이후야 알아도 되고 몰라도 되는 사실이야. 그러니까 알려 주라, 응?”

“정말로 모릅니다.”

아프가 고개까지 저었지만 임 대원은 끈질기게 매달렸다. 최 대장은 담배를 한 대 더 꺼내 입에 물고 불을 지폈다. 강 박사는 별다른 움직임을 보이지 않았다.

한편 케이는 손가락으로 소파를 톡톡 두드리며 표정을 구겼다. 두 번 끊긴 신호, ES-907419와 AF-193184……. 특정한 키워드가 자꾸만 케이의 머릿속을 맴돌았다. 뭔가 중요한 걸 놓친 걸까? 묻어 둔 기억이 떠오를 것 같기도 하고 아닌 것 같기도 했다. 말해 봤자, 떠올려 봤자 좋을 게 없다는 사실이 분명했으나 생각을 멈출 수가 없었다.

“파편적인 기억이라는 게 뭡니까?”

강 박사가 몸을 틀어 아프를 올려다보았다. 아

프는 생각에 잠긴 듯한 케이를 잠시 내버려 두고 강 박사와 눈을 맞췄다.

"알 수 없는 기억들뿐입니다. 비가 오는 거리, 어두운 방의 컴퓨터 화면……."

"어두운 방? 당신이 발견된 방이요?"

"아니요, 완전히 다른 방입니다. 불빛이 하나도 없어서 뭐가 있는지도 또렷하게 보이지 않습니다."

케이가 돌연 아프의 팔을 덥썩 붙들었다. 놀란 아프가 팔을 빼내려다 그만두었다.

"왜 그러세요, 케이 씨?"

"떠올랐어요. 아, 아니, 말 안 할래요! 말할 수 없어요!"

다급하게 볼을 감싸는 케이의 목소리에 두려움이 따라붙었다. 강 박사가 손으로 소파 등받이를 짚고 몸을 일으켰다.

"케이, 갑자기 왜 그래?"

"기억 안 나세요? 아, 아냐. 차라리 모른다고 해 주세요."

오른손을 휘저으며 케이는 어찌할 바를 몰랐다. 아프가 눈에 띄게 떨리는 케이의 몸을 그에게 향하도록 돌렸다.

"전부 말씀해 주세요."

"저는 못 해요!"

"지금 케이 씨가 떠올린 게 바로 진실일 거예요. 그렇지 않나요?"

잠시 멍하니 서 있던 강 박사는 번뜩 떠오른 과거에 놀라며 손으로 가슴을 부여잡았다. 케이의 말대로 지금 떠오른 걸 입 밖으로 냈다가는 돌이킬 수 없을 게 분명했다.

강 박사가 고개만 틀어 최 대장을 살폈다. 그 또한 케이가 떠올린 기억이 심상치 않다는 건 금방 눈치챈 듯 보였다. 그러나 강 박사를 재촉하는 말은 이어지지 않았고, 임 대원도 선임을 따르겠다는 듯 아예 강 박사와 아프에게서 고개를 돌려버렸다.

강 박사는 케이와 아프를 바라보았다. 둘 다 그를 바라보고 있었다. 케이는 입술을 깨문 채 고개를 연신 저었지만, 아프는 결심한 듯 고개를 한 번 끄덕일 뿐이었다. 강 박사가 한숨을 길게 내쉬고는 물었다.

"여기로 온 건 우연입니까?"

“네?”

“어떤 의도도 없이, 그저 상담소를 원해서 이곳을 찾은 거지요?”

아프가 떨떠름해하며 고개를 끄덕였다. 강 박사는 고개를 떨구었다.

“당신의 기억에 한계가 있는 게 당연합니다. 그래야만 해요.”

정적에 숨이 막혀 황급히 뒷말을 덧붙였다.

“제가 당신의 기억을 모두 지웠으니까요.”

당장 쓰러져도 이상하지 않을 건물에 애써 연구소를 차린 이유는 오직 하나였다. 강 박사는 국가가 정한 안드로이드의 한계를 극복하고 싶었다. 오직 인간의 욕구를 충족하기 위해서만 존재하기에는 그들의 능력이 아까웠다. '케이'는 안드로이드의 가능성을 시험해 보기 위해 탄생했다. 정부의 허가를 받은 공장에서 제작된 기체가 아니기에 그에게는 마땅히 받아야 할 제품명조차 없었다. 오히려 그 사실이 인간에 가까워지기 위해 꼭 필요한 일이라고, 강 박사는 제 손으로 만들어 낸 안드로이드를 어떻게 길러 낼지 고민하며 스스로 다독였다.

국가에 등록하지 않은 안드로이드는 폐기되었다. 그런 물건을 가진 인간 역시도 처벌을 받았다. 세상으로부터 숨기 위해, 강 박사는 일부러

'상담소'라는 글자를 새겨 넣은 나무 현판을 현관 문 바깥에 걸어 놓았다. 아무 정보도 없는 문이라면 누군가가 호기심을 가질 수도 있었으나, 낡아빠진 현판을 보면 '안드로이드 상담사도 없어 보이는 곳'이라며 모두 관심을 갖지 않으리라 예측했기 때문이었다.

정말로 현판 덕분인지는 모르겠지만 꽤 오랜 시간 동안 상담소에는 아무도 찾아오지 않았다. 평화가 깨진 날은 하루뿐이었다. 강 박사가 애써 기억 깊은 곳에 묻어놓은 단 하루.

폭우가 쏟아지는 날이었다. 강 박사는 케이의 몸을 점검하는 도중 필요한 부품이 떨어졌음을 알고 근처 철물점으로 달려갔다. 금방 돌아올 생각이었기 때문에 우산도 챙기지 않았고 철문도 완전히 닫지 않았다. 설마 그사이에 무슨 일이 생기겠어, 라는 안일한 판단에서였다.

평소의 습관대로 다녀왔다는 인사와 함께 상담소로 돌아오니 분위기가 달라져 있었다. 잠시 위화감을 느끼고 현관에 가만히 서 있던 강 박사는 엄습하는 불안감에 케이의 이름을 외쳤다. 안

방과 대합실을 가르는 커튼이 갈라지더니 웬 남
자가 뒷걸음질로 걸어 나왔다.

"해치려는 게 아닙니다. 저는 그저 비를 피하
려고……."

남자는 안방을 향해 손사래를 치며 고개를 숙
였다. 그제야 케이의 상체를 열어 두고 외출했었
다는 사실이 떠올랐다. 케이를 들켰으니 저 남자
를 그냥 내보낼 수는 없었다. 강 박사가 남자를
소리쳐 불러 그가 제 쪽을 돌아보게 했다. 남자는
화들짝 놀라며 강 박사를 향해 뒤돌았다. 강 박사
가 애써 마음을 가라앉히며 물었다.

"원하는 게 뭡니까? 돈? 엔진?"

"도움이 필요합니다."

남자가 양손을 귀 높이로 들어 올려 공격할 의
사가 없음을 밝혔다. 조금 더 다가오라는 강 박사
의 손짓에 남자가 순순히 따르자 강 박사도 긴장
을 풀었다. 일단은 그와 케이의 물리적 거리를 떨
어트려야 했다.

"제가 할 수 있는 것이라면 뭐든 하겠습니다.
보자…… 당신, 안드로이드군요."

"어떻게 바로 알아보십니까?"

"제가 하는 일이 그쪽이라서. 수리를 원하신다면 무료로 해 드리고, 충전도 양껏 해 드리겠습니다. 안방에 있던 걸…… 보셨죠?"

"네, 봤습니다."

"그럼 이야기가 빠르겠군요. 어떤 도움이 필요하다는 겁니까? 편하게 말씀해 보세요."

한껏 비를 맞은 듯 온몸이 젖은 남성형 안드로이드는 잠시 망설이며 시선을 흩뿌렸다. 수건이라도 빌려줘야 할까, 하는 생각이 번뜩 들었지만, 안드로이드가 곧 장황한 이야기를 늘어놓았다. 긴급한 상황이 아니었다면 선뜻 믿기 어려운 이야기였다.

눈앞의 안드로이드가 사람을 죽였다고 고백한다면 어떻게 해야 할까. 보통이라면 겁에 질려 그를 내쫓거나 해치지 말아 달라고 애원했을지도 모른다. 그러나 강 박사에게는 지켜야 할 것이 있었다.

"그 전에, 제가 당신을 뭐라고 부르면 되겠습니까?"

"제품명 ES-907419, 호칭은 '에스'입니다."

"좋습니다. 저는 주로 강 박사나 강 선생으로

불리고는 합니다. 마음에 드는 대로 부르시면 됩니다."

"뭐라고 부르는지가 중요합니까?"

"그럼요. 이름을 부른다는 건 당신을 알아본다는 뜻이거든요."

강 박사가 에스의 앞으로 성큼 다가갔다. 에스도 물러나지 않았다.

"이런 말을 들어 보신 적 있습니까? 주변을 속이려면 자신부터 속여야 한다."

"어디선가 한 번은 들어 봤을 것 같네요."

"당신이 누구인지 아는 이상 언제 어떤 실수로 살인을 고백해 버릴지 모릅니다. 다시 말해, 당신마저 자신이 누구인지 잊는다면 그 누구도 당신의 정체를 꿰뚫어 볼 수 없겠죠."

"제가 뭘 해야 합니까?"

"나무를 숨기려면 숲에 심어야 한다는 말이 있죠. 어떻게든 다른 안드로이드 사이에 섞여 들어가야 합니다. 그리고 그걸 위해서 제가……."

강 박사는 번뜩 떠오른 생각을 정리하기 위해 잠시 말을 멈췄다. 정적은 길지 않았다.

"저는 당신의 기억을 건드릴 생각입니다. 당

신이 가진 데이터 그대로 타인을 가장해 봤자, 당신이 의식하는 한 정체를 들키게 될 테니까요."

"선생님, 저는 인간을 죽였습니다."

에스의 말이 빠르게 튀어나왔다. 강 박사의 대답이 이어지지 않자 에스는 끝내 전하지 못했던 말을 덧붙였다.

"어째서 저를 도와주시려는 건가요?"

"그야 인질이 있으니까요."

강 박사는 가볍게 어깨를 으쓱였다. 응당 이어질 법한 반론을 피해 그의 몸이 재빨리 움직였다. 우선 그는 안방으로 들어가 멍하니 선 케이에게 상체를 덮을 담요를 둘러 주고, 곧장 에스의 기억을 초기화할 준비를 시작했다. 지금까지 케이의 기억조차 건드려 본 적이 없었다. 너무 무리한 약속을 해 버렸다는 생각에 강 박사는 엄지손톱을 깨물었다.

하지만 다른 방법이 없었다. 필요한 장비를 모두 가동한 강 박사는 에스를 안방으로 들였다. 케이는 몸이 완전히 닫히지 않은 상태에서도 성심껏 강 박사를 도왔다. 기억을 지우기 직전, 에스가 강 박사에게 질문했다.

“기억을 지운 후에도 저는 여전히 저일까요?”

“그렇게 받아들이신다면요.”

강 박사는 두려워하는 에스를 다독였다. 머지 않아 에스는 눈을 감았다. 그의 모든 데이터가 삭제되었다. 케이를 마주친 사실을 모두 포함해서였다.

케이가 자신의 기억도 수정할 것이냐고 묻자 강 박사는 고개를 저었다. 기억은 함부로 건드리는 게 아니라며 말을 덧붙였다. 방금 전, 한 안드로이드의 모든 데이터를 소거한 사람의 입에서 나오기에는 적절치 않은 말이었다.

케이는 방금까지의 일을 모두 기억 저편으로 밀어 두었다. 다시는 중요하게 쓰일 일이 없고, 그저 강 박사와 단둘이 있을 때 추억거리로만 거론될 ‘해프닝’이라고 생각하면서.

"결국에는 박사님이 이 사단의 범인이라는 말 아닙니까?"

임 대원의 목소리가 모두를 깨웠다. 강 박사의 고백을 듣고도 침착한 태도를 유지하는 건 그뿐이었다.

"폐기 처분이 어쩌고 하더니만……. 입에 발린 말을 잘도 하셨네. 기왕 이렇게 된 김에 더 말해 봐요. 에스가 박사님을 직접 찾아온 거예요? 여기로?"

"말하고 싶지 않습니다."

강 박사가 임 대원을 향해 고개를 돌렸다. 임 대원은 허공을 한 번 쳐다보고 헛웃음을 뱉었다. 다시 강 박사에게 꽂힌 그의 시선에는 경멸이 담겨 있었다.

"말하고 싶지 않다면 다예요? 방금 기억을 지

웠다고 고백해 놓고서 그게 할 말이야? 아프를 만들어 낼 수 있었던 건 당신뿐이라고!"

강 박사는 전혀 주눅 들지 않았다. 언성을 높이고 폭력을 휘둘러서 모든 걸 해결하려는 단속반의 태도에 질릴 대로 질린 참이었다. 강 박사는 최대한 눈에 힘을 실어 임 대원의 시선에 맞섰다.

"그래도 이걸로 당신들의 주장은 무너졌군요."

"무슨 주장이요?"

"아프의 인격은 에스를 기반으로 만들어지지 않았습니다."

"하지만 에스 위에 덮어씌워진 게 아프 아니에요?"

"에스의 데이터가 수면 위로 떠오른 건 고작 일주일 전부터입니다. 그 정도의 짧은 시간으로 인격 전체에 영향을 줬다고는 할 수 없습니다!"

최 대장은 재떨이에 남은 담배를 비벼 불을 꺼 트렸다. 그가 입 안에 남은 연기를 모두 내뱉으며 소파에서 천천히 일어섰다.

"이해했다."

강 박사는 마른침을 삼켰고 임 대원은 사색이 되어 선임의 눈치만 살필 뿐이었다. 아프는 강 박사의 고백에 이미 혼란스러운 상태였다. 어색한 적막을 견디지 못 한 건 케이였다.

"저기, 어떤 이해를……?"

"에스는 완전히 삭제되었다는 거지. 돌이킬 수도 없게."

케이가 애써 고개를 끄덕였다. 자꾸 동작이 끊겨 어색하게만 보였다. 최 대장이 얕은 한숨을 내쉬더니 몇 걸음 앞으로 발걸음을 떼었다. 임 대원이 그의 뒤를 바짝 따라붙었다.

"서, 선배님. 이제 어떡해요?"

소파를 사이에 두고 아프를 노려보는 최 대장은 대답하지 않았다. 생각에 잠기려는 그를 깨우기 위해 강 박사가 몸을 움직였다. 강 박사가 소파를 지나쳐 최 대장과 임 대원의 앞에 서자 두 단속반원이 동시에 한 걸음 물러났다. 강 박사가 마른 입을 억지로 떼었다.

"그럼 다 끝난 이야기 아닙니까? 당신들이 찾던 개체는……."

"착각하지 마라."

최 대장은 제발로 걸어 나온 강 박사의 명치를 검지로 지그시 눌렀다.

"저 녀석이 에스와 별개라는 건 인정하지. 하지만 저 몸은 내 거야."

강 박사가 본능적으로 최 대장의 손을 쳐냈다. 예상과 달리 최 대장은 순순히 손을 치웠다. 강 박사는 손바닥으로 명치를 감싸며 최 대장의 표정을 살폈다. 잔뜩 굳은 그의 표정이 말하고자 하는 건 명확했다. 어디 이것도 한 번 부정해 보시지, 라는 확신이 강 박사를 압박했다. 그에게 상대가 느낄 고통을 짐작해 보려 하거나 지금까지의 행동을 후회하는 기색 따위는 전혀 없었다. 그는 단지 강 박사의 명치를 찔렀던 손을 쥐었다 펴며 말을 이을 뿐이었다.

"나는 정의를 찾겠다고 여기 있는 게 아니야. 진실 따위 알 바 아니라고."

"그럼 뭐가 중요하다는 거죠?"

"말했잖아, 저 몸은 내 거라고."

"들어드리는 것도 한계가 있습니다."

강 박사의 목소리가 아니었다. 그가 고개만 돌려 아프를 쳐다보았다. 아프의 눈빛에 처음으로 분노 비슷한 감정이 실려 있었다. 강 박사는 아프가 내보이려는 감정이 무엇인지 알아채고 말았다. 저항감, 반항심, 모두 강 박사가 케이를 통해 구현하고자 했던 반응이었다.

"저는 국가에 귀속된 개체입니다. 개인을 주인으로 생각해 본 적은 한 번도 없다는 의미입니다."

최 대장의 표정이 심각하게 굳어졌다.

"누가 입을 열어도 된다고 했지?"

"왜 제 기체가 당신의 것입니까?"

"반대다. 네 데이터가 내 소유의 기체를 강탈한 거지. 나는 그걸 돌려받겠다는 것뿐이다."

"이 기체도, 제 데이터도 모두 독립 개체로 분류되어 있는데도요? 어떤 근거로 그리 말씀하십니까?"

아프가 제 가슴을 손바닥으로 탕탕 두드렸다. 보다 못한 임 대원이 앞으로 나섰다.

"그거야 박사님이 멋대로 진행한 거고. 원래 네 몸은 선배님 소유였다니까? 불법 시술로 신분 위조한 게 말이 많아."

"저는 신분을 위조한 게 아닙니다! 에스와 저는 별개의 개체예요!"

"그러면 대체 왜 에스의 살인이 네 메모리 안에 있는 건데? 박사님 말도 신뢰가 안 가. 그 몸에 기생한 이상 살인범의 영향이 없었을 리가 없잖아. 그냥 너는 죄가 없다고 믿고 싶어서 현실을 부정하는 것뿐이야."

케이가 아프의 옆에 섰다. 그 또한 아프를 따라 허리를 바로 세우고 눈에 힘을 싣고 있었다.

"아프 씨는 살인 사건 따위 꿈으로 치부하고 있었어요. 사건을 기반으로 인격을 형성하기는커녕, 평생 그런 사건은 몰랐다고요!"

"너……!"

임 대원이 케이를 향해 삿대질하며 고개를 틀었다. 케이는 천천히 입을 다문 채 이어질 말을 기다렸다. 임 대원은 분을 삭이려 숨을 헐떡였지만 좀처럼 진정하지 못했다.

"너는 가만히 있어. 존재 자체가 불법인 주제에……. 네 주인을 미등록 안드로이드 소유 건으로 고발하는 건 간단한 일이라고."

케이가 화들짝 놀라며 오른손으로 입가를 가렸다. 곧 그가 손을 내리며 임 대원을 똑바로 바라보았다.

"그, 그 이야기는 언급하지 않기로 약속하셨잖아요……!"

"일이 잘 풀린다면 조용히 넘어가기로 했지. 하지만 상황이 달라졌으니까, 압류되고 싶지 않으면 닥치고 있어."

처음으로 듣는 이야기에 최 대장이 임 대원과 케이를 번갈아 쳐다보았다. 그가 나지막이 중얼거렸다.

"그렇게 된 거로군……?"

"잠시만요."

강 박사가 다급히 끼어들었다. 임 대원은 그가 무슨 말을 하고 싶어하는지 눈치를 챘다는 듯 거리낌 없이 말했다.

"제 몸에서 기계인 부분은 여기서부터 여기까지거든요."

케이를 가리키던 임 대원의 오른손이 그의 왼쪽 허리에서부터 얼굴까지 천천히 쓸어올렸다. 그의 검지가 왼쪽 눈가를 톡 건드렸다.

"사실 저는 인식기 같은 거 필요 없어요. 이걸로 보면 다 나오거든요. 제 앞에 있는 게 인간인지 안드로이드인지. 안드로이드라면 이름이나 제품명이 뭔지. 아까는 맨눈으로 봐서 인간인 줄 알았지 뭐예요. 눈썰미를 키우기는 해야겠어요."

“케이는 이 사건과 관계없습니다.”

“충분히 있을 법한데요.”

“예, 그렇다면 저를 체포해 가시든지요! 실적도 올리고 참 좋으시겠네요!”

“소리 안 지르셔도 그렇게 할 거예요. 우선 저 고철 덩어리들을 압류한 다음에 박사님을 고발하면 승진은 따 놓은 당상이네요.”

임 대원이 오른손으로 숫자를 몇 개 꼽으며 비아냥거렸다. 최 대장은 모두 불필요한 이야기라는 듯 별다른 반응을 보이지 않고, 강 박사의 어깨에 손을 올렸다.

“뭘 망설이는 거지? 당신과 조수는 이 일에 관계 없다고 주장하면 될 텐데.”

“당신은 몰라도 저분은 그냥 넘어가 주지는 않을 것처럼 보입니다만.”

“한 번만 더 제안하겠으니 받아들여. 이 이상 우리를 방해하지 않는다면 최악은 면하게 해 주지. 당신들도 에스도.”

최 대장의 손에 힘이 실렸다. 강 박사는 눈살을 찌푸리면서도 시선을 떨구거나 눈을 감지 않았다.

“아프를 죽이면 복수가 이루어집니까? 그다음에는요? 수사를 제대로 벌이지 않은 동료들에게 복수하실 겁니까?”

“가르칠 생각 하지 말고 대답이나 해.”

“모두를 만족시킬 방법이 딱 하나 있습니다.”

임 대원이 헛소리하지 말라고 일갈했다. 그러나 최 대장은 계속 말해 보라는 듯 손을 들어 임 대원을 말렸다. 강 박사는 최 대장이 움켜쥐었던 어깨에 손을 얹어 욱신거리는 부분을 천천히 주물렀다.

“저 기체가 당신의 소유였다는 사실은 반박할 수 없습니다. 하지만 그 기체에 다른 개체의 데이터가 갇혀 있다는 것 또한 사실이죠. 어쨌든 한 가지는 분명히 말씀드릴 수 있습니다. 데이터를 소거하는 과정에서 왜 더미 데이터가 남았는지는 알 수 없지만, 아프는 에스의 기억에 영향을 받지 않은 개체입니다.”

“그래서?”

“저는 그 둘을 분리할 수 있습니다.”

강 박사가 아프를 곁눈질했다. 눈이 마주친 아프가 고개를 끄덕였다. 케이가 깜짝 놀라 아프를 올려다보았지만, 아프는 케이의 등을 손바닥으로 쓸어내릴 뿐이었다. 강 박사가 한숨을 내뱉고 말을 이었다.

"제게 맡겨 주신다면 아프를 저 기체에서 분리할 수 있습니다. 남게 될 기억의 파편도 에스로 인정해 주신다는 가정하에서요."

"그런 짓을 할 수 있고, 불법으로 제조한 안드로이드를 갖고 있다는 건……."

"예, 짐작하시는 대로니까 그 이상 궁금해하지 않으셨으면 좋겠습니다."

임 대원이 강 박사를 향해 거칠게 걸어왔다. 최 대장이 팔로 그를 막지 않았다면 곧장 강 박사의 멱살을 휘어잡았을 정도의 기세였다. 앞이 가로막힌 임 대원이 분노에 차 손가락을 뻗어 흔들어 댔다.

"무슨 소리를 하나 했더니만! 당신은 살인범의 도주를 도와준 공범이야! 선배님, 이 자리에서 다 고발해 버리죠? 순 범죄자 집단이잖아요!"

"임 대원."

"대체 뭘 망설이세요? 저 녀석이 바로 에스라고요, 살인 기계요! 아내분을 위해 복수하시겠다면서요!"

"입 다물어!"

최 대장이 임 대원의 팔을 억지로 내리며 그를 노려보았다. 두 사람의 실랑이를 가만히 지켜보는 강 박사의 뒤로, 케이가 성큼 다가왔다.

"방금 그게 무슨 뜻이에요?"

강 박사의 팔을 붙잡은 케이의 손이 약하게 떨리고 있었다. 강 박사가 케이와 눈을 맞추며 그의 손을 감싸 쥐었다.

"무슨 뜻이냐니?"

"왜 아프 씨의 의견은 묻지도 않고 이야기가 진행되는 거예요? 아프 씨는 몸을 잃어버리는 거잖아요. 분리요? 박사님께 그걸 제시할 권한은 없어요. 이분은 여기 있는 누구의 것도 아니라고요."

"네 말이 맞아, 케이."

"아프 씨를 설득해 주기로 하셨잖아요."

"실패했으니까, 나는 다른 길을 택하려는 것뿐이야."

케이의 뒤에 선 아프는 평온했다. 아무리 제어하려 한들 곧잘 속내를 표정으로 드러내고 마는 인간과 달리 그는 얼굴의 파츠를 뜻대로 움직일 수 있는 기계였다. 강 박사는 그에게 곧바로 사과했다.

"제 의무를 다하지 못했습니다."

"이해가 안 됩니다."

"질문하신다면 답해 드리죠."

"저를 단속반에 넘기시면 모든 게 간단히 해결될 겁니다. 수색대장의 태도를 보아하니 목적만 달성한다면 구태여 박사님에 관해서 떠벌리지도 않을 것 같고요."

"그건 질문이 아니군요."

"왜 저를 도우시려는 겁니까?"

"그야 당신과 약속했으니까요."

뒤이어 강 박사가 가볍게 덧붙였다.

"……환불해 드리고 싶지도 않고요."

인상을 찡그리는 케이의 옆에서 아프가 웃음소리를 흘렸다. 요란하지도 않고 다른 의도도 없었다.

어느새 단속반원의 말다툼도 끝나 있어서 한순간 대합실이 조용해졌다. 최 대장이 거친 호흡을 가다듬으며 강 박사를 쳐다봤다. 임 대원은 오른손을 이마에 짚은 모습으로 씩씩거리며 분을 삭이고 있었다. 강 박사는 적당한 말을 건넸다.

"물이라도 좀 드릴까요?"

"받아들이지."

"정말입니까?"

"못 하겠나?"

"아니요. 당연히 할 수 있죠."

임 대원에게는 할 말이 아주 많아 보였지만, 그는 결국 온몸을 축 늘어트리고 입술을 삐쭉 내밀며 몸에 들어간 힘을 풀어낼 수밖에 없었다. 마음대로 하라는 일종의 체념이었다. 그는 마지막으로 아프를 흘겨보았다. 딱히 분노나 공격성은 없었다.

"야, 방금 박사님의 제안을 어떻게 생각해? 너를 그 몸에서 빼내겠다잖아."

"찬성합니다. 그게 최선의 방법이라고 생각합니다."

"나는 반대 입장이기는 한데…… 3대 2니까 별수 없네."

임 대원이 케이를 향해 눈동자만 굴리더니 일부러 익살스레 어깨를 한 번 으쓱여 보였다. 케이는 함부로 엮지 말라는 뜻을 담아 눈살을 팍 찌푸렸다. 그는 먼저 준비해 두겠다는 말과 함께 안방으로 쏙 들어가 버렸다. 강 박사는 굳이 그를 붙잡지 않았다.

"오래 걸리나?"

최 대장이 물었다. 강 박사는 고개를 약하게 가로저었다.

"준비는 금방 끝날 겁니다. 본격적인 과정이 얼마나 걸릴지는 미지수군요. 모두들 저를 따라와 주십시오."

그렇게 말한 강 박사는 몸을 휙 돌려 안방으로 향했다. 아프는 말없이 뒤를 따랐다. 한편 임 대원은 최 대장에게 슬쩍 눈길을 던졌다. 눈이 마주치자 그는 오른손을 살짝 들어 '전방 주의 요망'이라는 뜻의 수신호를 만들었다. 그의 방식대로라면 '저 앞에 엄청난 게 있어요.'라는 뜻이었다.

기껏해야 성인 남성의 어깨 넓이 정도밖에 되지 않는 커튼 뒤에 무슨 대단한 게 있다는 건지. 최 대장은 후임의 신호를 대수롭지 않게 여겼다. 그러나 곧 안방에서 안전벨트가 장착된 사무용 의자를 보는 순간 생각을 바꿨다.

"……왜 고문 의자가."

“아니거든요.”

모두를 기다리고 있던 케이가 쏘아붙였다. 강 박사는 이미 컴퓨터를 비롯해 용도를 알 수 없는 몇몇 기계를 조작하느라 여념이 없었다.

그는 아프를 조심스레 의자에 앉힌 다음 바로 옆에 놓인 컴퓨터로 시선을 돌렸다. 키보드를 몇 번 두드리자 안방에 즐비한 기계들 가운데 하나에서 날것의 기계음이 새어 나왔다. 임 대원은 잔뜩 긴장한 채 소리의 진원지를 찾으려 고개를 휙휙 돌렸다. 반면 최 대장의 시선은 허공에 머물러 있었다.

아프는 팔걸이에 자연스럽게 양팔을 얹으면서 케이를 바라보았다. 케이가 가볍게 말아 쥔 오른손을 명치에 붙이고 힘차게 고개를 두 번 끄덕였다. 아프도 고개를 끄덕였다. 강 박사가 아프의 어깨에 손을 얹으며 말을 걸었다.

“이제 부품을 바꾸느냐 마느냐의 문제를 넘어섰군요.”

“그렇군요.”

강 박사를 올려다보는 아프의 입꼬리가 살짝 올라가 있었다. 케이가 아프의 몸에 안전벨트를 채워 주자 아프는 고개를 떨궈 완전히 고정된 자신의 몸을 내려다보았다. 강 박사는 한 손으로 아프의 뒤통수를 살며시 누르고 다른 손으로 케이블을 쥐었다.

"어떤 사소한 것 하나도 없어지지 않게 하겠습니다."

"네, 박사님을 믿습니다."

"당신의 데이터를 잠깐 백업해 두겠습니다. 여기서라도 동의를 받아야겠군요. 괜찮으시겠습니까?"

"예, 괜찮습니다."

"그렇게 되면 당신의 데이터를 덧씌울 때까지 이 기체에는 에스의 조각난 기억이 남아 있을 겁니다."

아프의 단자는 그의 목덜미에 있었다. 그날의 기억이 더욱 선명해졌다. 케이블이 꽂히는 '감각'을 느끼며 설명을 듣던 아프가 고개를 들었다.

"이 이후에도 저는 여전히 저일까요?"

"그럴 겁니다."

옅은 미소를 짓던 아프의 고개가 옆으로 툭 떨어졌다. 최 대장이 그를 바라보고 있었다.

“에스의 ‘어머니’와 관계된 데이터 중 유독 선명하게 남은 데이터가 하나 있습니다.”

“……”

“그분이 남편을 어떻게 생각해 왔는지……. 만일 에스가 깨어나면…….”

“참고하지.”

최 대장이 빠르게 답하자 아프가 고개를 끄덕였다. 케이블이 빠지지 않을 정도로 작은 동작이었다. 최 대장이 임 대원을 슬쩍 쳐다보았다. 그는 왼손으로 입가를 가린 채 길게 하품하고 있었다.

“사용되지 않은 기체를 구해와야겠군. 그 정도는 직접 할 수 있겠지?”

“네, 네? 그러니까, 뭐에 사용될 기체요?”

“나중에 에스의 기억을 옮겨 담을 용도지.”

“그냥 저거에다가 아프를 남겨 놓고 에스의 데이터가 저장된 박사님의 컴퓨터를 압류하면 안 되나요?”

임 대원이 묶여 있는 아프를 가리키며 물었다. 최 대장은 애써 대답하는 대신 아프를 향해 고개를 돌렸다. 임 대원은 앞으로도 해소되지 않을 질문을, 갑자기 몰려오는 피로와 함께 삼켰다.

두 사람의 대화가 이어지는 사이 아프는 완전히 눈을 감았다. 그와 연결된 강 박사의 컴퓨터가 요란하게 돌아가는 소리만 들려왔다. 임 대원은 대놓고 한숨을 푹 내쉬더니 이내 눈을 감고 양손으로 깍지를 끼었다. 그가 손을 눈높이까지 들어 올리자, 케이가 축 늘어져 있던 왼손을 오른손으로 쥐고 들어 올리며 임 대원의 행동을 따라했다. 최 대장은 뒷짐을 진 채 아프를 내려다보았고, 강 박사는 아프의 한쪽 손을 붙잡았다. 아무도 입을 열지 않았고, 누구도 불필요한 행동을 하지 않았다.

머지않아 안드로이드가 눈을 떴다.

작가의 말

고백에는 참 많은 게 뒤따라옵니다. 어릴 때는 고백을 너무 많이 떠벌렸고, 조금 더 자라서는 고백을 너무 많이 삼켰습니다. 돌이켜 보니 말해야 할 것은 말하지 못하고, 정작 말하지 말아야 할 것은 말해 버려 곤혹을 치른 게 한두 번이 아닙니다. 세상에 정답은 없다지만 제가 고르는 건 다 오답 같습니다.

하지만 어쩌겠습니까. 그때는 숨겨야 할 고백을 꼭 해야만 속이 시원했을 겁니다. 전해야 할 고백은 얼른 삼켜서 응어리로 남겨야 직성이 풀렸을 거고요. 여전히 무엇을 말해야 하고 무엇을 말하지 말아야 할지 구분하기 힘듭니다. 어떤 선택에든 아랑곳하지 않고 그에 따른 결과를 받아들이는 연습이나 해야 할까 봐요. 저는 계속 틀릴 테니까요.

《허위고백》은 맨 처음 희곡으로 쓰였다가 4년 정도에 걸쳐 소설로 재탄생한 글입니다. 형식부터 제목, 등장인물, 전개와 결말이 모두 달라진 이 이야기는 제가 처음 구상했을 때와 똑같은 이야기일까요? 4년의 시간을 보내고 이제야 세상에 털어놓는 저의 고백은 지금 시점에서 과연 유효할까요? 수많은 독자를 만나, 이 고백은 어떻게 받아들여질까요? 여러 이유로 저는 또다시 후회하겠지만 아직은 즐겁습니다.

여기까지 함께해 주신 시간에 나름의 의미가 있었기를 바랍니다.

중편선 004

허위고백

초판인쇄 2026년 4월 10일
초판발행 2026년 4월 10일

지은이 김태령
발행인 채종준

출판총괄 박능원
책임편집 조지원
디자인 박능원
마케팅 문선영
전자책 정담자리
국제업무 채보라

브랜드 그늘
주소 경기도 파주시 회동길 230(문발동)
문의 ksibook1@kstudy.com

발행처 한국학술정보(주)
출판신고 2003년 9월 25일 제406-2003-000012호
인쇄 북토리

ISBN 979-11-7457-540-1 03810

그늘은 한국학술정보(주)의 소설 출판 전문브랜드입니다.
더운 여름날 그늘 밑에서 편하게 읽을 수 있는 책이라는 의미를 담았습니다.
세상에 없던 스토리를 발굴하고, 우리가 닿지 못한 세계의 그림자를 찾아봅니다.
스토리 속 일상의 즐거움을 발견할 수 있도록 이야기의 쉼터가 되겠습니다.

@geuneul_book